华章图书

一本打开的书，一扇开启的门，
通向科学殿堂的阶梯，托起一流人才的基石。

Web开发技术丛书

WebAssembly
原理与核心技术

WEBASSEMBLY PRINCIPLES AND
CORE TECHNOLOGIES

张秀宏 著

机械工业出版社
China Machine Press

图书在版编目（CIP）数据

WebAssembly 原理与核心技术 / 张秀宏著 . —北京：机械工业出版社，2020.9
（Web 开发技术丛书）

ISBN 978-7-111-66554-0

I.W… II. 张… III. 编译软件 IV. TP314

中国版本图书馆 CIP 数据核字（2020）第 177026 号

WebAssembly 原理与核心技术

出版发行：机械工业出版社（北京市西城区百万庄大街 22 号 邮政编码：100037）	
责任编辑：韩 蕊	责任校对：马荣敏
印　　刷：大厂回族自治县益利印刷有限公司	版　　次：2020 年 10 月第 1 版第 1 次印刷
开　　本：186mm×240mm　1/16	印　　张：17
书　　号：ISBN 978-7-111-66554-0	定　　价：79.00 元

客服电话：（010）88361066　88379833　68326294　　投稿热线：（010）88379604
华章网站：www.hzbook.com　　　　　　　　　　　　读者信箱：hzit@hzbook.com

为何编写本书

万维网（World Wide Web，简称 Web）问世至今，一直在不断完善，与 Web 相关的技术也一直在不停演进。每一次新技术的出现，都会让这张无形却又无处不在的网变得更加强大和易用，给人们的生活带来巨大的变化，甚至变革。

Web 技术始于 1990 年前后，标志事件是当时在欧洲核子研究中心（CERN）工作的 Tim Berners-Lee 发明了超文本传输协议（Hypertext Transfer Protocol，HTTP）和超文本标记语言（Hypertext Markup Language，HTML）。时至今日，这两项技术仍然是 Web 的基石。最初发布时，这两项技术都比较简单，比如 HTTP 协议只支持 GET 请求，HTML 语言只支持少量标签。另外，在那个年代，因为没有好用的图形用户界面浏览器，这两项技术的推行也不是很顺利。

第一款"好用"的浏览器发布于 1993 年，名叫 Mosaic，由 Marc Andreessen 和 Eric Bina 等人合作开发。他们两人于 1994 年和 Jim Clark 等人联合创办了后来风光无限的网景（Netscape）公司，该公司推出的 Navigator 浏览器也曾红极一时，对 Web 技术的普及和发展起到了非常大的推动作用。随后，微软公司推出了著名的 IE 浏览器，引发了第一次浏览器大战，并最终赢得了胜利。战败的网景公司将 Navigator 浏览器代码开源，创建了 Mozilla 基金会。该基金会于 2004 年正式发布了 Firefox 浏览器。顺便说一下，苹果公司于 2003 年正式发布 Safari 浏览器；Google 公司于 2008 年正式发布 Chrome 浏览器并在第二次浏览器大战中独占鳌头。

随着浏览器的快速普及，最初的 HTML 语言已经无法满足网页作者和用户的需求。当时的 HTML 只能通过标签展现某些固定的样式，比如标题格式、段落格式、文字高亮、简单的列表。而网页作者们想要更多的控制权，比如改变文本字体和颜色、段落背景颜色、文字对齐方式。1994 年，当时还在 CERN 工作的 Håkon Wium Lie 发布了层叠样式表（Cascading Style Sheet，CSS）草案，试图改变这一局势。在吸收了 Bert Bos 等人的意见之后，CSS 规范于 1996 年年底发布。CSS 规范很快得到了微软 IE、网景 Navigator 以及 Opera 等主流浏览器的支持。我们今天能看到各种赏心悦目的网页，CSS 规范功不可没。

虽然有了 CSS 规范之后网页好看了很多，但仍然是静态的。Web 急需一种脚本语言，让网页"活"起来。这次打头阵的是网景公司。1995 年，网景发布了 Navigator 2.0 浏览器，支持由该公司 Brendan Eich 设计的 JavaScript 脚本语言。微软公司紧随其后，在 1996 年发布的 IE 3.0 浏览器中支持 JScript 脚本语言。为了推动浏览器脚本语言的标准化，网景公司在 1996 年年底将 JavaScript 语言提交给了欧洲计算机制造商协会（ECMA）。该协会于 1997 年 6 月发布了 ECMAScript 1.0 规范。有了 JavaScript 脚本执行能力，浏览器从单纯的内容展示工具升级成了应用运行平台，开启了全新的 Web 时代。

在 JavaScript 发展的过程中，还涌现出了很多技术，比如 DHTML（1997 年）、JSON（2000 年）、Ajax（2005 年）等，这里就不一一介绍了。随着这些技术的出现，JavaScript 越来越强大，很多原来无法想象的应用都可以运行在浏览器上了。然而，新的问题开始显露出来：JavaScript 的运行速度太慢了。

2008 年，Google 公司推出了 Chrome 浏览器，并在其内部搭载了全新设计的 JavaScript 引擎 V8。通过使用 JIT 编译等优化技术，V8 引擎的运行速度快了很多。在 Chrome 的压力下，其他浏览器厂商也纷纷改进技术，使得 JavaScript 运行速度慢的问题暂时得以缓解。同时，V8 引擎还激发了 Node.js 技术的诞生，让 JavaScript 语言重新回到后端领域，这里就不详细介绍了。

如前所述，Web 技术从未停止发展的脚步。随着移动互联网的兴起，HTML5 应运而生（2008 年公开草案，2014 年正式发布）。2015 年，WebAssembly（简称 Wasm）技术首次亮相。Wasm 技术旨在将汇编语言和 Web 融合，让浏览器能够以接近本地程序的速度运行网页应用程序。如今，Wasm 规范已经正式发布（写作本书时，版本为 1.1），并且获得了各大浏览器的普遍支持。虽然诞生于 Web，但是从设计之初，Wasm 就避免和浏览器绑定在一起，这使得它可以应用于更多地方。相信在不久的未来，Wasm 技术一定会大有所为。

你是否已经迫不及待地想要了解 Wasm 技术？本书将带你领略 Wasm 技术的方方面面，为迎接即将到来的 Web 新时代做好准备！

本书主要内容

本书共 14 章，分为 4 个部分，内容安排如下。

❑ 第一部分（概述）
- 第 1 章：介绍 Wasm 技术并准备编程环境。

❑ 第二部分（二进制和文本格式）
- 第 2 章：介绍 Wasm 模块整体结构和二进制编码格式。
- 第 3 章：介绍 Wasm 指令集和指令编码格式。
- 第 4 章：介绍 Wasm 文本格式。

❑ 第三部分（虚拟机和解释器）
- 第 5 章：介绍 Wasm 操作数栈以及参数和数值指令。
- 第 6 章：介绍 Wasm 内存和内存指令。
- 第 7 章：介绍 Wasm 函数调用机制，以及直接函数调用指令和变量指令。
- 第 8 章：介绍 Wasm 控制指令。
- 第 9 章：介绍本地函数调用机制，以及 Wasm 表和间接函数调用指令。
- 第 10 章：介绍 Wasm 导入和导出机制，以及链接和实例化逻辑。
- 第 11 章：介绍 Wasm 各个语义阶段可能出现的错误，以及验证规则。

❑ 第四部分（进阶）
- 第 12 章：以 Rust 语言为例，介绍如何将高级语言编译为 Wasm 模块。
- 第 13 章：介绍 AOT 编译技术，以及如何将 Wasm 模块编译为 Go 语言插件。
- 第 14 章：介绍 Wasm 目前存在的一些不足之处，以及后续版本的改进方向。

本书读者对象

本书适合有一定编辑基础且对 Web 前沿技术或高级语言虚拟机技术感兴趣的读者。书中有少量 Rust 示例代码，都比较简单易懂，即使不了解 Rust 语言也不影响阅读。本书将使用 Go 语言实现 Wasm 解释器，但并没有用到特别高深的技术，加之 Go 语言语法比较简单，相信对于有 C 系列语言（比如 C/C++/C#、Java、JavaScript 等）基础的读者来说，书中的代码不难理解。总的来说，本书主要面向以下这几类读者。

- ❑ 想要深入了解 Wasm 技术的 Web 前后端程序员。
- ❑ 想要深入了解 Wasm 技术的区块链（尤其是智能合约平台）程序员。
- ❑ 想要深入了解 Wasm 技术，并把它应用在其他领域的程序员。
- ❑ 对高级语言虚拟机原理和实现感兴趣的读者。
- ❑ 对解释器、AOT 编译器原理和实现感兴趣的读者。
- ❑ 想找中小型项目练手的 Go 语言初学者或者初、中级程序员。
- ❑ 想阅读 Wasm 规范但觉得内容枯燥的读者。

如何阅读本书

本书延续了我"自己动手"系列丛书的风格，每章均配有精心安排的代码。本书将带领读者循序渐进地实现 Wasm，每一章的代码都建立在前一章代码的基础之上，但又都可以单独编译和运行。建议读者从第 1 章开始，按顺序阅读本书，编写或修改每一章的代码。当然，直接跳到感兴趣的章节进行阅读，必要时再学习其他章节，也是可以的。本书的源代码可以从 https://github.com/zxh0/wasmgo-book 获取。

主要参考资料

Wasm 是一种相对新的技术，但是网上已经有很多相关的资料和优秀的文章。下面列出一些主要的参考资料，供读者学习与参考。

- ❑ Wasm 官网
  - https://webassembly.org/
- ❑ 相关规范
  - WebAssembly Core Specification ⊖
  - WebAssembly JavaScript Interface Specification ⊖

⊖ 参考链接：https://webassembly.github.io/spec/core/bikeshed/index.html。
⊖ 参考链接：https://webassembly.github.io/spec/js-api/index.html。

- WebAssembly Web API Specification [⊖]
- asm.js Specification [⊜]
- ❑ 相关论文
- Bringing the web up to speed with WebAssembly [⊜]
- Emscripten: An LLVM-to-JavaScript Compiler ®
- JavaScript: The First 20 Years ^㊄

勘误和支持

由于技术水平和表达能力所限，本书并非尽善尽美，如有不合理之处，恳请读者批评指正。由于写作时间仓促，Wasm 规范也在快速变化，书中难免会存在一些疏漏，还请读者谅解。

本书的勘误将通过 GitHub（https://github.com/zxh0/wasmgo-book/blob/master/errata.md）发布和更新。如果读者发现书中的错误，对内容有改进建议，或者有任何问题，都可以在本书的 GitHub 项目上提交 Issue。另外，欢迎大家加入本书读者微信群与我以及其他读者进行交流，微信群二维码将在本书 GitHub 项目主页不定期更新。

致谢

写书是一件耗时费力的事情，如果没有家人、同事和朋友的支持与帮助，这本书恐怕还要再过很长时间才能写完（或者永远都写不完）。这里我要感谢家人的理解，在写作期间，我有数不清的时间把自己关在小书房里，这些时间本应该用来陪伴家人。还要感谢同事和好友们的帮忙，感谢你们抽出时间阅读本书初稿并提出宝贵意见，虽然无法在此一一列出你们的名字，但你们是最棒的。特别感谢我的好朋友武岳抽空为本书绘制鼹鼠图，这些图很可爱，我很喜欢。最后要感谢机械工业出版社华章公司的编辑们，你们认真负责的工作保证了本书的质量，与你们合作非常愉快。

⊖ 参考链接：https://webassembly.github.io/spec/web-api/index.html。
⊜ 参考链接：http://asmjs.org/spec/latest/。
⊜ 参考链接：https://dl.acm.org/doi/10.1145/3140587.3062363。
® 参考链接：https://github.com/kripken/Relooper/blob/master/paper.pdf。
㊄ 参考链接：https://zenodo.org/record/3710954#.Xt0Eo54zbt0。

目 录 *Contents*

概　　述

第 1 章　Wasm 介绍

从最初被人笑称为玩具脚本，到如今成为支撑 Web 应用的"严肃"编程语言，JavaScript 能够完成这一蜕变，离不开语言的标准化过程（特别是 ECMAScript 2015，也就是 ES6 标准的发布），以及各大浏览器 JavaScript 引擎的不断改进（特别是 JIT 技术的引入）。然而 JavaScript 毕竟太"动态"了，即便借助最先进的 JIT 编译技术，也很难在性能上与本地应用匹敌。为了弥补这一缺陷，在经历几次探索之后，几个主要的浏览器厂商联合发布了 WebAssembly（简称 Wasm）。注意，Wasm 和 JavaScript 并非竞争关系，而是互补的。

想要了解引擎的原理，最有效的方式是自己制造一台引擎。本书将带领读者从零起步打造一台 Wasm 引擎，通过这一过程，帮助读者彻底掌握 Wasm 技术，把握 Web 新时代的趋势。这一章先简单介绍 Wasm 历史，帮助读者理清 Wasm 技术的来龙去脉，然后做一些必要的准备工作，为后面的章节做铺垫。

1.1　Wasm 简史

和很多其他项目（比如 Go 和 Rust 语言）一样，Wasm 也起源于一个业余时间项目（Part-time Project）。2010 年，Alon Zakai 放弃了自己的创业公司，加入 Mozilla 从事 Android Firefox 开发相关工作。此时的 Alon 想把他以前开发的游戏引擎移植到浏览器上运行，他认为 JavaScript 的执行速度已经足够快了，所以开始在业余时间编写编译器，把 C++ 代码（通过 LLVM IR）编译成 JavaScript 代码。这个业余时间项目就是 Emscripten。

到了 2011 年底，Emscripten 项目已经取得了很大进展，甚至能够成功编译 Python 和 Doom 等大型 C++ 项目。Mozilla 觉得这个项目很有前途，于是成立研究团队，邀请 Alon 加入并全职开发 Emscripten。如前文所述，由于 JavaScript 语言太灵活了，JIT 编译器很难再做一些激进的优化（例如类型转化）。为了帮助 JIT 编译器做这些优化，Alon 和 Luke Wagner、David Herman 等人一起，在 2013 年提出了 asm.js [⊖]规范。asm.js 是 JavaScript 语言的一个严格子集，试图通过减少动态特性和添加类型提示的方式帮助浏览器提升 JavaScript 优化空间。相较于完整的 JavaScript 语言，裁剪后的 asm.js 更靠近底层，更适合作为编译器目标语言。下面是一个用 asm.js 编写的例子。

```
function MyAsmModule() {
    "use asm"; // 告诉浏览器这是一个 asm.js 模块
    function add(x, y) {
        x = x|0;        // x 是整数
        y = y|0;        // y 也是整数
        return (x+y)|0; // 返回值也是整数
    }
    return { add: add };
}
```

从上面这个例子不难看出，asm.js 有优点也有缺点。优点非常明显：asm.js 代码就是 JavaScript 代码，因此完全可以跨浏览器运行。能识别特殊标记的"聪明"浏览器可以根据提示进行激进的 JIT 优化，甚至是 AOT 编译，大幅提升性能。不能识别特殊标记的"笨"浏览器也可以忽略这些提示，直接按普通 JavaScript 代码来执行。asm.js 的缺点也很明显，那就是"底层"得不够彻底，例如代码仍然是文本格式；代码编写仍然受 JavaScript 语法限制；浏览器仍然需要完成解析脚本、解释执行、收集性能指标、JIT 编译等一系列步骤。如果采用像 Java 类文件那样的二进制格式，不仅能缩小文件体积，减少网络传输时间和解析时间，还能选用更接近机器的字节码，这样 AOT/JIT 编译器实现起来会更轻松，效果也更好。

⊖　参考链接：http://asmjs.org/。

差不多在 Alon 和 Mozilla 开发 Emscripten/asm.js 的同时，Google 的 Chrome 团队也在试图解决 JavaScript 性能问题，但方向有所不同。Chrome 给出的解决方案是 NaCl（Google Native Client）和 PNaCl（Portable NaCl）。通过 NaCl/PNaC1，Chrome 浏览器可以在沙箱环境中直接执行本地代码。asm.js 和 NaCl/PNaC1 技术各有优缺点，二者可以取长补短。Mozilla 和 Google 也看到了这一点，所以从 2013 年开始，两个团队就经常交流和合作。

在交流过程中，Mozilla 和 Google 决定结合两个项目的长处，合作开发一种基于字节码的技术。到了 2015 年 4 月，这一想法已经很成熟了，"WebAssembly"也取代其他临时名称，逐渐出现在两个团队的沟通邮件中。2015 年 7 月，Wasm 正式开始设计并对外公开开发速度。同年，W3C 成立了 Wasm 社区小组（成员包括 Chrome、Edge、Firefox 和 WebKit），致力于推动 Wasm 技术的发展。

2017 年 2 月底，Wasm 社区小组达成共识，Wasm 的 MVP（Minimum Viable Product）设计基本定稿。一个月后，Google 决定放弃 PNaCl 技术，推荐使用 Wasm。Mozilla 也基本放弃了 asm.js 技术，甚至可能会在未来停止 Emscripten 对 asm.js 的支持，仅支持 Wasm。截至本书完稿，Wasm 规范已经发布了 1.1 版，虽然还在修改，但已经足够稳定。

除了四大浏览器的一致支持，Wasm 也获得了主流编程语言的强力支持。C/C++ 是最先可以编译为 Wasm 的语言，因为 Emscripten 已经支持 asm.js，只要把 asm.js 编译成 Wasm 即可。由于两项技术比较相似，这个编译工作并不难。2016 年 12 月，Rust 1.14 发布，开始实验性支持 Wasm。2018 年 8 月，Go 1.11 发布，开始实验性支持 Wasm。2019 年 3 月，LLVM 8.0.0 发布，正式支持 Wasm。同年 10 月，Emscripten 改为默认使用 LLVM 提供的 Wasm 编译后端直接生成 Wasm。还有其他很多语言也都正式或通过第三方开源项目支持 Wasm，这里就不一一列举了。

虽然诞生于 Web 和浏览器，但是 Wasm 并没有和 Web 或者浏览器绑定。相反，Wasm 核心规范很少提及 Web 和浏览器，这就给 Wasm 未来的应用前景提供了更加广阔的想象空间。在浏览器之外，可能首先被 Wasm 吸引的就是区块链项目。目前已经有一些区块链基于 Wasm 技术实现智能合约平台，比如 EOS。著名的以太坊项目也正在将其虚拟机（Ethereum Virtual Machine，EVM）切换到 Wasm，并计划在以太坊 2.0 正式启用。开源世界对于 Wasm 技术的热情非常高，目前已经有许多高质量的开源 Wasm 实现，包括用 C/C++、Rust、Go 语言实现的 Wasm 解释器、AOT/JIT 编译器。Wasm 技术可谓前途一片光明。

以上简单介绍了 Wasm 技术的历史，下面简要介绍 Wasm 技术本身。

1.2 Wasm 简介

我们都知道，在计算机发展的早期阶段，程序是直接用机器语言编写的。虽然机器语言的执行效率是最高的，但是开发效率却极低，所以没过多久就诞生了基于符号的汇编语言，然后顺理成章地诞生了 FORTRAN、C、C++ 等高级语言，后来 Java、JavaScript、Python 等更高级的语言陆续出现。但随着语言不断进化，开发效率越来越高，运行效率却越来越低。多亏了摩尔定律，运行效率下降在大多数情况下也不是什么大问题。现在，除了少数特殊情况，已经很少需要程序员直接编写汇编代码了。

当然，不管编程语言怎么演化，计算机唯一能够执行的仍然是机器语言。所以现代的高级编程语言要么是由编译器编译成机器码（Machine Code）然后执行，要么就是由解释器直接解释执行。前者可以理解为预先编译（Ahead-of-Time compilation，AOT），后者可以在执行时将部分"热"代码即时编译成机器码并执行，以提升性能，这就是所谓的即时编译（Just-in-Time Compilation，JIT）。

为了降低代码实现难度、提高可扩展性，现代编译器一般都会按模块化的方式设计和实现。典型的做法是把编译器分成前端（Front End）、中端（Middle End）和后端（Back End）。前端主要负责预处理、词法分析、语法分析、语义分析，生成便于后续处理的中间表示（Intermediate Representation，IR）。中端对 IR 进行分析和各种优化，例如常量折叠、死代码消除、函数内联。后端生成目标代码，把 IR 转化成平台相关的汇编代码，最终由汇编器编译为机器码。采用这种设计的编译器很好扩展：如果要开发新的语言，只需要新写一个编译器前端；如果要支持新的目标平台，只需要添加一个新的编译器后端。图 1-1 所示是简化后的现代编译器工作原理。

按字面意思理解，WebAssembly 就是 Web 汇编，是为 Web 浏览器定制的汇编语言。既然号称汇编语言，那就得有点汇编语言的样子。

第一，层次必须低，尽量接近机器语言，这样浏览器才更容易进行 AOT/JIT 编译，以趋近原生应用的速度运行 Wasm 程序。第二，要适合作为目标代码，由其他高级语言编译器生成。

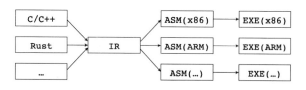

图 1-1　现代编译器工作原理示意图

而要在浏览器运行，Wasm 又必须满足其他一些要求。首先代码必须安全可控，不能像真正的汇编代码那样可以执行任意操作。然后，代码必须是平台无关的，这样才可以跨浏览器执行。Wasm 还有很多特点，这里先不罗列了，后文会详细介绍。作为一种编译器目标语言，我们把 Wasm 也画进图 1-1 里，如图 1-2 所示。

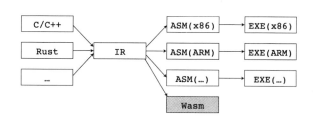

图 1-2　作为编译器目标的 Wasm

如上所述，从高级语言编译器的角度来看，Wasm 是目标代码。但从浏览器的角度来看，Wasm 却更像 IR，最终会被 AOT/JIT 编译器编译成平台相关的机器码。基于以上介绍的这些因素，Wasm 最终采用了虚拟机 / 字节码技术，并且定义了紧凑的二进制格式。下面是 Wasm 技术的一些特点。

1. 规范

Wasm 技术目前有 3 份规范。其中《核心规范》描述了 Wasm 模块的结构和语义，这些完全是平台（比如浏览器）无关的，任何 Wasm 实现都必须满足这些语义。《JavaScript API 规范》和《Web API 规范》则是平台相关的，是专门为 Web 和浏览器定制的 API 规范。本书主要讨论 Wasm 核心语义，如无特别说明，后文出现的 "Wasm 规范" 均指《核心规范》(1.1 版)。

2. 模块

模块是 Wasm 程序编译、传输和加载的单位。Wasm 规范定义了两种模块格式：二进制格式和文本格式。如果和传统汇编语言做类比，那么 Wasm 模块的二进制格式相当于目标文件或可执行文件格式，文本格式则相当于汇编语言。使用汇编器可以把文本格式编译为二进制格式，使用反汇编器可以把二进制格式反编译成文本格式。本书第二部分将详细介绍 Wasm 模块的具体内容以及这两种格式。

（1）二进制格式

二进制格式是 Wasm 模块的主要编码格式，存储为文件时一般以 .wasm 为后缀。和 Java 类文件一样，Wasm 二进制格式设计得非常紧凑。Wasm 规范第 5 章对二进制格式进行了描述，本书将在第 2 章和第 3 章详细介绍 Wasm 二进制格式，并讨论如何实现二进制模块解码器。

（2）文本格式

文本格式主要是为了方便开发者理解 Wasm 模块，或者编写一些小型的测试代码（本书就使用了很多这样的代码）。Wasm 文本格式可以简写为 WAT（WebAssembly Text），存储为文件时一般以 .wat 为后缀。Wasm 规范第 6 章对文本格式进行了描述，本书将在第 4 章详细介绍 Wasm 文本格式。

3. 指令集

和 Java 虚拟机（Java Virtual Machine，JVM）一样，Wasm 也采用了栈式虚拟机和字节码。Wasm 规范第 4 章描述了指令的执行语义，本书将在第 3 章和第 4 章简要介绍 Wasm 指令集，然后在第 5 ~ 9 章详细介绍每一条指令并讨论如何实现 Wasm 解释器。在第 13 章，我们还会讨论 AOT 和 JIT 编译器。

4. 验证

Wasm 模块必须是安全可靠的，绝不允许有任何恶意行为。为了保证这一点，Wasm 模块包含了大量类型信息，这样绝大多数问题就可以通过静态分析在代码执行前被发现，只有少数问题需要推迟到运行时进行检查。Wasm 规范第 3 章描述了模块验证规则，附录 7.3 给出了代码验证算法和伪代码。本书将在第 11 章详细介绍 Wasm 模块验证逻辑，并讨论如何实现验证器。

前面介绍了 Wasm 模块的两种格式：二进制格式和文本格式。二进制格式主要由高级语言编译器生成，但也可以通过文本格式编译。文本格式可以由开发者直接编写，也可以由二进制格式反编译生成。其实除了规范定义的这两种格式，Wasm 模块还有第三种格式：内存（in-memory）格式。Wasm 实现（如解释器）通常会把二进制模块解码为内部形式（即内存格式，比如 C/C++/Go 结构体），然后再进行后续处理。模块的二进制、文本、内存这 3 种表现形式之间的关系如图 1-3 所示。

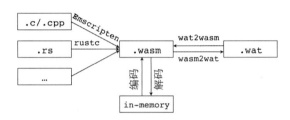

图 1-3　Wasm 模块的 3 种表现形式

从语义上讲，一个 Wasm 模块从二进制格式到最终被执行可以分为 3 个阶段：解码、验证、执行。解码阶段将二进制模块解码为内存格式；验证阶段对模块进行静态分析，确保模块的结构满足规范要求，且函数的字节码没有不良行为（比如调用不存在的函数等，详见第 11 章）；执行阶段可以进一步分为实例化和函数调用两个阶段。Wasm 模块的解码、验证、实例化阶段如图 1-4 所示。

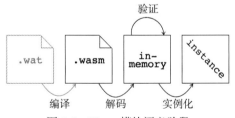

图 1-4　Wasm 模块语义阶段

本书第二部分的第 2 章、第 3 章将详细介绍 Wasm 解码阶段。第三部分（第 5 ～ 11 章）主要从解释器的角度介绍模块的执行，其中第 5 ～ 9 章将详细介绍函数调用阶段，第 10 章将详细介绍 Wasm 实例化阶段，第 11 章将详细介绍 Wasm 验证阶段。第四部分的第 13 章将介绍 AOT 和 JIT 编译技术。

1.3　准备工作

本书不仅是一本介绍 Wasm 工作原理的技术书，也是一本教读者实现 Wasm 的"造轮子"指导书。所以在正式介绍和动手开发 Wasm 之前，有必要做一些准备工作。

1. 下载本书源代码

请从 https://github.com/zxh0/wasmgo-book 下载本书源代码。

本书主要涉及 4 种编程语言：Go、WAT、Rust 和 JavaScript。Go 语言是本书实现 Wasm 所使用的语言，源代码在 code/go 目录下，每章一个目录。以第 2 章为例，实现代码的根目录是 code/go/ch02/wasm.go/，里面是完整的 Go 项目，可以直接编译，或者用 GoLand 等 IDE 打开。用 WAT 编写的 Wasm 示例代码统一放在 code/wat 目录下，以 ch+章号为前缀，例如 code/wat/ch05_param.wat。Rust 示例代码在 code/rust/examples 目录下，这是一个独立的 Cargo 项目，进入目录后，可以直接用 cargo 命令编译。只有第 1 章有少量 HTML/JavaScript 代码，放在 code/js 目录下。下面是随书源代码的总体目录结构。

```
wasmgo-book/code/
    go/chXX/wasm.go/
    wat/chXX_YYY.wat
    rust/examples/
    js/
```

2. 安装 Go

本书没有使用协程、通道、反射等 Go 语言高级特性，因此只要了解 Go 语言的基本语法即可读懂本书代码。由于本书 Go 项目依赖 Go 1.11（2018 年 8 月发布）引入并在 Go 1.14（2020 年 2 月发布）稳定的模块系统，所以推荐读者安装 Go 1.14 或更高版本。我们可以执行下面的命令确认 Go 安装无误。

```
$ cd wasmgo-book/code/go/ch01/wasm.go/
$ go run wasm.go/cmd/wasmgo
Hello, WebAssembly!
```

本书出现的命令均采用 UNIX 命令行形式，使用的编程语言均是跨平台的，所以这些命令在其他操作系统上的运行效果都差不多。如果读者使用的是 Windows 操作系统，需要对路径分隔符等做适当调整。

3. 安装 Rust

本书只有少数几个例子是用 Rust 语言编写的，即使完全不懂 Rust 语言也不影响阅读。建议读者使用 rustup 安装 Rust 最新版本，然后安装 wasm32（这里的"32"指 32 比特地址）编译目标。

```
$ curl --proto '=https' --tlsv1.2 -sSf https://sh.rustup.rs | sh
$ rustup target add wasm32-unknown-unknown
```

读者可以执行下面的命令确认 Rust 安装无误。

```
$ cd wasmgo-book/code/rust/examples
$ cargo build --target wasm32-unknown-unknown --release
$ ls -l target/wasm32-unknown-unknown/release/*.wasm
```

4. 安装 WABT

WABT 是一个 Wasm 二进制工具箱（WebAssembly Binary Toolkit），提供了很多处理 Wasm 二进制格式的工具，包括 WAT 汇编器 wat2wasm、反汇编器 wasm2wat、Wasm 二进制格式查看工具 wasm-objdump、二进制格式验证工具 wasm-validate 等。本书主要使用了 wasm-objdump、wat2wasm 和 wasm2wat 这 3 个工具。读者可以复制 WABT 项目，然后按照说明在本地编译这个工具箱，使用 macOS 系统的读者也可以通过 Homebrew 直接安装编译好的 WABT 最新版本。执行下面的命令确认 WABT 安装无误。

```
$ cd wasmgo-book/code/wat
$ wat2wasm ch05_param.wat
$ wasm-objdump -h ch05_param.wasm # 打印段头信息
$ wasm-objdump -x ch05_param.wasm # 打印详细信息
$ wasm-objdump -d ch05_param.wasm # 反编译字节码
```

1.4　你好 Wasm

大多数介绍编程技术的书，在第 1 章都会出现一个正式的"Hello, World!"程序，以致敬计算机先驱 Brian Kernighan、Dennis Ritchie 和他们的经典著作 *The C Programming Language*。我已经准备好了这个程序，请看 code/rust/examples/src/bin/ch01_hw.rs 这个文件。

```
#![no_std]
#![no_main]
```

```rust
#[panic_handler]
fn panic(_: &core::panic::PanicInfo) -> ! {
    loop {}
}

extern "C" {
    fn print_char(c: u8);
}

#[no_mangle]
pub extern "C" fn main() {
    unsafe {
        let s = "Hello, World!\n";
        for c in s.as_bytes() {
            print_char(*c);
        }
    }
}
```

如果已经成功安装了 Rust，就会编译生成 Wasm 二进制文件。如果没有安装 Rust
也没关系，因为我已经把编译好的 Wasm 二进制文件放在 code/js 目录里，文件名是
ch01hw.wasm。同一目录下还有一个名为 ch01hw.html 的文件，代码如下所示。

```html
<!DOCTYPE html>
<html>
  <head><title>Hello, World!</title></head>
  <body>
    <script>
      var str = "";
      var importObj = {env: {
          print_char: (c) => {
            str += String.fromCharCode(c);
            if (c == 10) {
              alert(str);
            }
          }
      }};
      fetch('ch01_hw.wasm').then(response =>
          response.arrayBuffer()
      ).then(buffer =>
          WebAssembly.instantiate(buffer, importObj)
      ).then(({module, instance}) =>
          instance.exports.main()
      );
```

```
      </script>
    </body>
  </html>
```

　　现在我们已经用 Rust 编写了"Hello, World!"程序，然后把它编译成了 Wasm 二进制格式。在上面的代码里，我们通过浏览器提供的 Wasm JavaScript API 加载并实例化 Wasm 二进制模块，最后调用模块导出 main() 函数。请注意我们是如何在 Rust 代码中声明，并在 JavaScript 代码中定义 print_char() 函数的。如果觉得前面的代码不好理解也不必担心，这里只须初步认识一下 Wasm 即可，在后面的章节我们再仔细了解它。

　　把 ch01hw.wasm 和 ch01hw.html 文件上传到 Web 服务器（或者启动本地 Web 服务器），然后在浏览器中访问 ch01_hw.html 即可看到弹出的"Hello, World!"。

1.5　本章小结

　　长久以来，JavaScript 一直是浏览器运行的唯一编程语言。随着 Wasm 技术的出现，C、C++、Rust、Go 等语言也可以运行在浏览器上了，而且是以接近本地程序运行的速度。本章我们首先了解了 Wasm 技术的起源和发展，然后简单了解了其技术内涵，最后进行了一些准备工作并编写了"Hello, World!"程序。在下一章，我们将详细了解 Wasm 二进制格式，并讨论如何实现二进制解码器。

二进制和文本格式

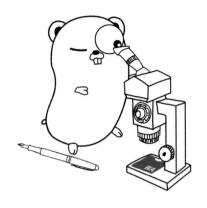

第 2 章 二进制格式

第 1 章介绍了 Wasm 技术，本章将展开介绍 Wasm 二进制格式。我们将使用 xxd 命令和 WABT 提供的 wasm-objdump 工具分析第 1 章编译好的"Hello, World!"模块，定义模块的内存表示，编写模块二进制格式解码器，并实现一个简化版的 wasm-objdump 工具。

2.1 二进制格式介绍

如第 1 章所述，模块是 Wasm 程序编译、传输和加载的单位，编译后的 Wasm 模块主要以二进制格式呈现。掌握 Wasm 模块的二进制格式是理解解码、验证、实例化、执行等阶段的必要条件。本节将先概括介绍 Wasm 二进制格式，并尝试将模块表达为 Go 语言结构体。

由于我们刚开始了解 Wasm 二进制格式，所以这一节理解起来或许会有点难。如果遇到困难，可以先不理会，继续阅读。在 2.2 节会有实例分析，到时回头再来复习一遍，可能问题就迎刃而解了。

2.1.1 Wasm 二进制格式总体结构

和其他很多二进制格式（比如 Java 类文件、Lua 二进制块）一样，Wasm 二进制格式也是以魔数（Magic Number）和版本号开头。在魔数和版本号之后是模块的主体内容，这些内容被分门别类放在不同的段（Section，也叫 Segment）中。段可能会包含多个项目，Wasm 规范一共定义了 12 种段，并给每种段分配了 ID（从 0 到 11）。除了自定义段（详见 2.2.12 节）以外，其他所有的段都最多只能出现一次，且必须按照段 ID 递增的顺序出现。图 2-1 所示是 Wasm 二进制格式总体结构示意图（没有画自定义段）。

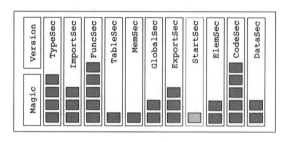

图 2-1 Wasm 二进制格式总体结构

为了能更好理解 Wasm 二进制格式，假设我们已经把下面这个 Go 程序编译成了 Wasm 二进制模块。注意这只是一个假想的例子，用于帮助我们理解模块的内容，并不是说我们真的把该程序编译成了 Wasm 模块。由于 Go 程序需要运行时（比如 GC 等），所以实际编译后产生的模块会非常大。

```go
package main
import "fmt"

const PI float32 = 3.14

type type0 = func(a, b int32) int32
type type1 = func()
type type2 = func(ptr, len int32)

func Add(a, b int32) int32 { return a + b }
func Sub(a, b int32) int32 { return a - b }
func Mul(a, b int32) int32 { return a * b }
func Div(a, b int32) int32 { return a / b }

func main() {
```

```
    fmt.Println("Hello, World!")
}
```

下面简单介绍 Wasm 二进制模块可能包含的 12 种段。

1. 类型段（ID 是 1）

该段列出 Wasm 模块用到的所有函数类型（又叫作函数签名，或者函数原型）。上面的 Go 代码共出现了 3 种不同签名的函数（加减乘除、main()、Println()），因此类型段中应该包含 3 个函数签名。假设函数签名在类型段中的排列顺序和它们在源代码中首次出现的顺序一致，那么前两个签名应该是 (int32,int32) → (int32) 和 () → ()。类型段的具体内容详见 2.2.1 节。

2. 导入段和导出段（ID 是 2 和 7）

这两个段分别列出模块所有的导入项和导出项，多个模块可以通过导入和导出项链接在一起（详见第 10 章）。上面的 Go 代码仅使用了 fmt.Println() 函数，因此导入段中只有一个项目。有一个全局变量和 4 个函数被导出（首字母大写），因此导出段中应该包含 5 个项目：一个全局变量和 4 个函数。导入和导出段的具体内容详见 2.2.2 节和 2.2.7 节。

3. 函数段和代码段（ID 是 3 和 10）

内部函数信息被分开存储在两个段中，其中函数段实际上是一个索引表，列出内部函数所对应的签名索引；代码段存储内部函数的局部变量信息和字节码。不难看出，函数和代码段中的项目数量必须一致，且一一对应。假设函数在函数段和代码段中的排列顺序也和它们在源代码中定义的顺序一致，那么函数段的内容应该是 [0, 0, 0, 0, 1]，其中前 4 个 0 是加减乘除这 4 个函数的类型索引，1 是 main() 函数的类型索引（注意并不包含导入的函数）。相应的，代码段也应该包含 5 个项目，依次存放这 5 个函数的信息。函数和代码段的具体内容详见 2.2.3 节和 2.2.10 节。

4. 表段和元素段（ID 是 4 和 9）

表段列出模块内定义的所有表，元素段列出表初始化数据。Wasm 规范规定模块最多只能导入或定义一张表，所以即使模块有表段，里面也只能有一个项目。表主要和间接函数调用有关，将在第 9 章详细介绍。表和元素段的具体内容详见 2.2.4 节和 2.2.9 节。

5. 内存段和数据段（ID 是 5 和 11）

内存段列出模块内定义的所有内存，数据段列出内存初始化数据。Wasm 规范规定模块最多只能导入或定义一块内存，所以即使模块有内存段，里面也只能有一个项目。我们将在第 6 章详细讨论 Wasm 内存，内存和数据段的具体内容详见 2.2.5 节和 2.2.11 节。

6. 全局段（ID 是 6）

该段列出模块内定义的所有全局变量信息，包括值类型、可变性（Mutability）和初始值。上面的 Go 代码只定义了一个全局变量（准确地说是一个不可变常量），因此全局段中应该只有一个项目。全局段的具体内容详见 2.2.6 节。

7. 起始段（ID 是 8）

该段给出模块的起始函数索引。和其他段有所不同，起始段只能有一个项目。起始函数主要起到两个作用，一个是在模块加载后进行一些初始化工作；另一个是把模块变成可执行程序。如果模块有起始段，那么 Wasm 实现在加载模块后会自动执行起始函数。上面的 Go 代码有主函数，因此编译后的模块有起始段，里面放着该函数的索引。起始段的具体内容详见 2.2.8 节。

8. 自定义段（ID 是 0）

该段是给编译器等工具使用的，里面可以存放函数名等调试信息，或者其他任何附加信息。自定义段不参与 Wasm 语义，所以即便是完全忽略自定义段也不影响模块的执行。自定义段的具体内容详见 2.2.12 节。

如前文所述，除了自定义段，其他段必须按 ID 递增的顺序出现。之所以有这样的规定，是因为很多段之间存在信息的依赖关系。例如，由于导入段、函数段、代码段等都需要知道函数类型信息，所以类型段必须在这 3 个段之前出现；由于导入的函数、表、内存、全局变量在各自索引空间的最前面，所以导入段必须在这 4 个段之前出现；由于导出函数、表、内存、全局变量时需要知道其索引，所以导出段必须在这 4 个段之后出现。

Wasm 二进制格式的设计原则之一是可以一遍（One-pass）完成模块的解析、验证和编译（指 AOT 或 JIT 编译）。换句话说，Wasm 实现（比如浏览器）可以在下载模块的同时进行解码、验证和编译。可流式处理（Streamable）是 Wasm 的特点之一，二进制模块中各个段的排列方式一定程度上是为了满足这一特点。另外，之所以要把函数的签名信息和其他信息分别存放在两个段里，也是为了满足这一特点，读者可以结合后面的实例慢慢体会。

根据前面的介绍，不难把 Wasm 模块"翻译"成 Go 语言结构体，代码随后给出。本章的主要源文件集中放在 code/go/ch02/wasm.go/binary 目录下，与模块内部类型（详见2.1.3 节和 2.1.4 节）相关的常量和结构体在 types.go 文件中定义，其他模块相关常量和结构体在 module.go 文件中定义，后文不再赘述。下面是模块的结构体定义。

```
type Module struct {
    Magic       uint32        // 详见 2.2.0 节
    Version     uint32        // 详见 2.2.0 节
    CustomSecs  []CustomSec   // 详见 2.2.12 节
    TypeSec     []FuncType    // 详见 2.2.1 节
    ImportSec   []Import      // 详见 2.2.2 节
    FuncSec     []TypeIdx     // 详见 2.2.3 节
    TableSec    []TableType   // 详见 2.2.4 节
    MemSec      []MemType     // 详见 2.2.5 节
    GlobalSec   []Global      // 详见 2.2.6 节
    ExportSec   []Export      // 详见 2.2.7 节
    StartSec    *FuncIdx      // 详见 2.2.8 节
    ElemSec     []Elem        // 详见 2.2.9 节
    CodeSec     []Code        // 详见 2.2.10 节
    DataSec     []Data        // 详见 2.2.11 节
}
```

这些字段在后面会详细介绍，但这里有两点需要说明：第一，如前文所述，Wasm 规范规定模块最多只能导入或定义一张表，内存也有同样限制。但这些限制只是暂时的（已经有提案建议放开这两个限制，详见本书第 14 章），为了将来更容易扩展，也为了更准确地反映二进制格式，我们仍然把表和内存段也定义成切片类型。第二，由于起始段只需要记录一个函数索引，所以我们把它定义成指针类型。如果该指针是 nil，则表示没有起始段。

2.1.2　索引空间

函数签名、函数、表、内存、全局变量在模块内有各自的索引空间，局部变量（详见第 7 章）和跳转标签（详见第 8 章）在函数内有各自的索引空间。为了提高代码的可读性，我们给这些索引分别定义了类型别名，代码如下所示。

```
type (
    TypeIdx   = uint32
    FuncIdx   = uint32
    TableIdx  = uint32
    MemIdx    = uint32
    GlobalIdx = uint32
    LocalIdx  = uint32
    LabelIdx  = uint32
)
```

下面对这几种索引进行简单说明。

1. 类型索引

不管是外部导入的函数还是内部定义的函数，其签名全都存储在类型段中，因此类型段的有效索引范围就是类型索引空间。比如模块的类型段中包含 5 个函数签名，那么类型索引空间就是 0 ~ 4。

2. 函数索引

函数索引空间由外部函数和内部函数共同构成。比如模块的导入段中包含 3 个外部函数，函数和代码段中定义了 4 个内部函数，那么函数索引空间就是 0 到 6。其中 0 到 2 指向外部函数，3 到 6 指向内部函数。当调用某函数时，需要给定该函数的索引，详见第 7 章。

3. 全局变量索引

和函数一样，全局变量索引空间也是由外部全局变量和内部全局变量共同构成的。当读写某全局变量时，需要给定该全局变量的索引，详见第 7 章。

4. 表和内存索引

表和内存也可以从外部导入，所以索引空间的情况和函数索引空间类似。不过，由于 Wasm 规范的限制，最多只能导入或定义一个表和内存，所以索引空间内的唯一有效索引只能是 0。

5. 局部变量索引

函数的局部变量索引空间由函数的参数和局部变量构成。比如函数接收 3 个参数（这一信息可以根据函数段和类型段获取），并且定义了 4 个局部变量（这一信息可以从代码段获取），那么该函数的局部变量索引空间就是 0 到 6。其中 0 到 2 指向参数，3 到 6 指向局部变量。当读写某参数或局部变量时，需要给定该参数或局部变量的索引，详见第 7 章。

6. 跳转标签索引

和局部变量索引一样，每个函数有自己的跳转标签索引空间。由于跳转标签索引比较特殊，推迟到第 8 章讨论结构化控制指令和跳转指令时再详细介绍。

2.1.3　实体类型

Wasm 规范定义了 8 种实体类型，下面依次介绍这些类型。

1. 值类型

Wasm 1.1 规范只定义了 4 种基本的值类型：32 位整数（简称 i32）、64 位整数（简称 i64）、32 位浮点数（简称 f32）和 64 位浮点数（简称 f64）。高级语言所支持的一切类型（比如布尔值、数值、指针、数组、结构体等），都必须由编译器翻译成这 4 种基本类型或者组合。Wasm 规范给 4 种值类型分配了 ID，由于 Go 语言不支持枚举，所以最好把这 4 个 ID 定义成常量，代码如下所示。

```
type ValType = byte
const (
    ValTypeI32 ValType = 0x7F // i32
    ValTypeI64 ValType = 0x7E // i64
    ValTypeF32 ValType = 0x7D // f32
    ValTypeF64 ValType = 0x7C // f64
)
```

注意和高级语言中的整数类型有所不同，Wasm 底层的整数类型是不区分符号的，这点在第 5 章还会做进一步介绍。当需要强调整数的符号时，我们将使用 u32 和 u64 表示 32 和 64 位无符号（Unsigned）整数、使用 s32 和 s64 表示 32 和 64 位有符号（Signed）整数。

2. 函数类型

函数类型也就是函数的签名或原型，描述函数的参数数量和类型，以及返回值数量和类型。Wasm 函数可以有多个返回值（这一点和 Go 语言一样），下面是函数类型的定义。

```
type FuncType struct {
    ParamTypes  []ValType
    ResultTypes []ValType
}
```

这里补充说明一点：Wasm 规范最初限制函数最多只能有一个返回值，现在这个限制已经在多返回值提案⊖放开了。

3. 限制类型

限制类型用于描述表的元素数量或者内存页数的上下限。我们将在第 6 章详细讨论内存，在第 9 章详细讨论表，此处不多做介绍，下面是限制的定义。

```
type Limits struct {
    Tag byte // 详见 2.2.4 小节
    Min uint32
    Max uint32
}
```

4. 内存类型

内存类型只须描述内存的页数限制，所以定义成限制的别名即可。

```
type MemType = Limits
```

5. 表类型

表类型需要描述表的元素类型以及元素数量的限制。Wasm 规范只定义了一种元素类型，即函数引用，不过已经有提案建议增加其他元素类型，详见第 14 章。为了反映二进制格式，也为了便于以后扩展，我们还是给元素类型留好位置，下面是表类型的定义。

```
const FuncRef = 0x70
```

⊖ 参考链接：https://github.com/WebAssembly/multi-value。

```
type TableType struct {
    ElemType byte //  目前只能是 0x70
    Limits    Limits
}
```

6. 全局变量类型

全局变量类型需要描述全局变量的类型以及可变性，下面是全局变量类型的定义。

```
const (
    MutConst byte = 0
    MutVar   byte = 1
)

type GlobalType struct {
    ValType ValType
    Mut      byte
}
```

Wasm 实体类型除了以上 6 种，还有结果类型和外部类型。结果类型表示函数或表达式的执行结果，我们在函数类型里已经表示了，就不单独定义了。外部类型是函数类型、表类型、内存类型和全局变量类型的集合，也不再单独定义。到这里，模块的总体结构、各种索引和类型就介绍完毕了，下面我们结合实例来分析 Wasm 二进制格式。

2.2　二进制格式分析

在第 1 章，我们已经用 Rust 语言编写了一个 "Hello, World!" 程序，并把它编译成了 Wasm 二进制格式在浏览器中运行。下面我们结合 xxd 命令和 WABT 提供的 wasm-objdump 命令分析一下这个程序，深入到细节中观察 Wasm 二进制格式。为了便于对照，除 2.2.0 节和 2.2.12 节以外，其余小节的编号和段 ID 一致。

2.2.0　魔数和版本号

Wasm 二进制格式的魔数占 4 个字节，内容是 \0asm。Wasm 二进制格式的版本号也占 4 个字节，当前版本是 1。我们把魔数和版本号定义成常量，代码如下所示。

```
const (
    MagicNumber = 0x6D736100 // `\0asm`
```

```
    Version    = 0x00000001 // 1
)
```

使用 xxd 命令观察二进制文件可以看到，前 8 个字节的确是魔数 \0asm 和版本号 1。

```
$ xxd -u -g 1 code/js/ch01_hw.wasm
00000000: 00 61 73 6D 01 00 00 00 01 19 05 60 01 7F 00 60  .asm.......`...`
00000010: 00 00 60 02 7F 7F 01 7F 60 01 7F 01 7F 60 03 7F  ..`.....`....`..
00000020: 7F 7F 00 02 12 01 03 65 6E 76 0A 70 72 69 6E 74  .......env.print
...
```

请注意，由于 Wasm 二进制格式采用小端（Little-Endian）方式编码数值，所以魔数和版本号的 4 个字节都是倒着排列的。使用 wasm-objdump 命令观察二进制文件也可以看到，版本号的确是 1。

```
$ wasm-objdump -x code/js/ch01_hw.wasm

ch01_hw.wasm:    file format wasm 0x1
...
```

接下来我们从类型段开始，按照段在 Wasm 二进制的排列顺序分析每一个段，自定义段留到最后分析。

2.2.1 类型段

在 Wasm 二进制格式里，每个段都以 1 字节的段 ID 开始。除了自定义段，其他段的结构都完全定义好了。由于自定义段的内容可能是未知的，所以段 ID 后面存储了段的实际内容字节数，这样 Wasm 实现就可以根据字节数跳过不认识的自定义段。对于非自定义段，内容字节数并非解码必须的，但却有助于在需要时快速跳过某些段。为了便于理解，本书将使用一种类似正则表达式的简单语法来描述 Wasm 二进制格式，下面给出段的统一编码格式。

```
sec: id|byte_count|byte+
byte_count: u32 # LEB128 编码的 32 位无符号整数
```

注意代码中竖线仅在描述时起分隔作用，在实际的二进制格式中并不存在，byte 后边的加号表示出现至少一次，若是星号则表示出现任意次，若是问号则表示出现零次或一次。另外，为了让二进制格式尽可能紧凑，段的字节数、各种索引等整数值在二进制模块中是按 LEB128 [⊖]格式编码后存储的，2.3.1 节会详细介绍这种整数编码格式。

　　由于大部分段都可以包含多个项目，所以必须知道段里一共有几个项目。相应的做法读者应该也猜到了：先记录项目的数量，然后再依次记录每个项目。这种以数量开头后边跟相应数量项目的做法在其他的二进制格式里（比如 Java 类文件和 Lua 二进制块）也很常见。我们把这种结构叫作向量，用 vec<T> 来表示。采用这种写法，段的统一编码格式可以简写为：id|vec<byte>，下面给出类型段的编码格式。

```
type_sec: 0x01|byte_count|type_count|func_type+
type_sec: 0x01|byte_count|vec<func_type> # 简写
```

　　除了起始段和自定义段，其他段在整体上也都有类似的编码格式，只是具体条目有所不同，后面不再赘述。观察 xdd 输出可以看到，跟在版本号后面的是类型段（ID 是1），内容占据 25（0x19）个字节，一共记录了 5 条类型数据。

```
00000000: 00 61 73 6D 01 00 00 00 01 19 05 60 01 7F 00 60  .asm.......`...`
00000010: 00 00 60 02 7F 7F 01 7F 60 01 7F 01 7F 60 03 7F  ..`.....`....`..
00000020: 7F 7F 00 02 12 01 03 65 6E 76 0A 70 72 69 6E 74  .......env.print
...
```

　　由 2.1.3 节可知，函数类型包括参数数量和类型，以及返回值数量和类型。在 Wasm二进制格式里，函数类型以 0x60 开头，后面是参数数量、参数类型、返回值数量和返回值类型，下面给出函数类型的编码格式。

```
func_type: 0x60|vec<val_type>|vec<val_type>
```

　　观察 xxd 输出可以看到，类型段里的第一个函数类型（以 0x60 开头）只有一个（0x01）参数，类型是 i32（0x7F)，没有（0x00）返回值。

```
00000000: 00 61 73 6D 01 00 00 00 01 19 05 60 01 7F 00 60  .asm.......`...`
00000010: 00 00 60 02 7F 7F 01 7F 60 01 7F 01 7F 60 03 7F  ..`.....`....`..
00000020: 7F 7F 00 02 12 01 03 65 6E 76 0A 70 72 69 6E 74  .......env.print
...
```

　　读者可以自行分析其他 4 个函数类型，下面是 wasm-objdump 命令打印出的结果。

```
...
Type[5]:
```

⊖　参考链接：https://en.wikipedia.org/wiki/LEB128。

```
- type[0] (i32) -> nil
- type[1] () -> nil
- type[2] (i32, i32) -> i32
- type[3] (i32) -> i32
- type[4] (i32, i32, i32) -> nil
...
```

2.2.2 导入段

一个模块可以导出 4 种类型的成员以供其他模块使用，4 种类型分别是：函数、表、内存、全局变量。反过来，一个模块可以从其他模块导入这 4 种类型的成员。通过导入和导出，多个模块可以被链接在一起，共同完成一个复杂的功能。导入和导出项通过名字链接，这些名字也叫作符号（Symbol），我们将在第 10 章详细讨论模块的链接。导入段中的每一个导入项都需要给出模块名（从哪个模块导入）、成员名（导入该模块中的哪个成员），以及具体描述信息，下面是导入项的结构体定义。

```
type Import struct {
    Module  string
    Name    string
    Desc    ImportDesc
}
```

模块和成员名可以是任意字符串，用 UTF-8 格式编码后以 vec<byte> 方式存储。为了描述更清晰，我们直接使用 xxx_name 来替代 vec<byte>，下面给出导入段和导入项的编码格式。

```
import_sec : 0x02|byte_count|vec<import>
import     : module_name|member_name|import_desc
```

由于需要统一记录函数、表、内存、全局变量这 4 种不同的信息，Wasm 二进制格式在导入描述的最前面安排了一个单字节 tag，起区分作用：0 表示函数、1 表示表、2 表示内存、3 表示全局变量。这种做法在其他二进制格式（比如 Java 类文件）中也很常见。Go 语言不支持 C 语言中的联合体，为了不丢失类型信息，我们把 4 种导入信息分别放在 4 个字段中。当然，正常解码之后，仅有一个字段是有意义的，下面是导入描述的结构体定义。

```
const (
    ImportTagFunc = 0; ImportTagTable  = 1;
```

```
    ImportTagMem  = 2; ImportTagGlobal = 3;
)

type ImportDesc struct {
    Tag       byte
    FuncType  TypeIdx    // tag=0
    Table     TableType  // tag=1
    Mem       MemType    // tag=2
    Global    GlobalType // tag=3
}
```

根据前面的说明，可以给出导入描述的编码格式（方括号表示列出的元素只能出现一个，表、内存、全局变量类型的格式将在 2.2.4 节 ~ 2.2.6 节进行介绍）。

```
import_desc: tag|[type_idx, table_type, mem_type, global_type]
```

观察 xxd 输出可以看到，类型段之后是导入段（ID 是 2），内容占据 18（0x12）个字节，只有 1 条导入数据。

```
00000000: 00 61 73 6D 01 00 00 00 01 19 05 60 01 7F 00 60  .asm.......`...`
00000010: 00 00 60 02 7F 7F 01 7F 60 01 7F 01 7F 60 03 7F  ..`.....`....`..
00000020: 7F 7F 00 02 12 01 03 65 6E 76 0A 70 72 69 6E 74  .......env.print
00000030: 5F 63 68 61 72 00 00 03 0C 0B 01 02 02 02 02 03  _char...........
...
```

这条导入数据记录的模块名是 env（长 3 字节），成员名是 print_char（长 10 字节），描述的是函数（tag 是 0），函数签名的索引是 0。

```
...
00000020: 7F 7F 00 02 12 01 03 65 6E 76 0A 70 72 69 6E 74  .......env.print
00000030: 5F 63 68 61 72 00 00 03 0C 0B 01 02 02 02 02 03  _char...........
00000040: 02 04 02 04 03 04 05 01 70 01 01 01 05 03 01 00  ........p.......
...
```

下面是 wasm-objdump 命令打印出的结果。

```
...
Import[1]:
 - func[0] sig=0 <print_char> <- env.print_char
...
```

2.2.3 函数段

由上文可知，函数段列出了内部函数的签名在类型段中的索引，函数的局部变量信息和字节码则存储在代码段中，下面给出函数段的编码格式。

```
func_sec: 0x03|byte_count|vec<type_idx>
```

观察 xxd 输出可以看到，导入段之后是函数段（ID 是 3），内容占据 12（0x0C）个字节，一共存储了 11（0x0B）个函数类型索引。

```
...
00000030: 5F 63 68 61 72 00 00 03 0C 0B 01 02 02 02 02 03   _char..........
00000040: 02 04 02 04 03 04 05 01 70 01 01 01 05 03 01 00   .......p.......
00000050: 11 06 19 03 7F 01 41 80 80 C0 00 0B 7F 00 41 8E   ......A.......A.
...
```

下面是 wasm-objdump 命令打印出的结果（由于模块有一个导入函数，占据了函数索引 0，所以打印出的函数是从索引 1 开始的。另外，打印结果中还包含了从自定义段提取出的函数名，不过除了 main() 函数，其他函数名都是由编译器自动生成的，由于代码太长了，限于篇幅做了省略处理）。

```
...
Function[11]:
 - func[1] sig=1 <main>
 - func[2] sig=2 <函数名太长，省略>
 - func[3] sig=2 <函数名太长，省略>
 - func[4] sig=2 <函数名太长，省略>
 - func[5] sig=2 <函数名太长，省略>
 - func[6] sig=3 <函数名太长，省略>
 - func[7] sig=2 <函数名太长，省略>
 - func[8] sig=4 <函数名太长，省略>
 - func[9] sig=2 <函数名太长，省略>
 - func[10] sig=4 <函数名太长，省略>
 - func[11] sig=3 <函数名太长，省略>
...
```

2.2.4 表段

表段列出模块内定义的表。由前文可知，Wasm 规范规定模块最多只能定义一张表，且元素类型必须为函数引用（编码为 0x70）。除了元素类型，表类型还需要指定元素数量的限制，其中必须指定下限，上限则可选。限制编码后以 1 字节 tag 开头。如果 tag 是

0，表示只指定下限。否则，tag 必须为 1，表示既指定下限，又指定上限。加上这些限定后，下面给出表段和表类型的编码格式。

```
table_sec : 0x04|byte_count|vec<table_type> # 目前 vec 长度只能是 1
table_type: 0x70|limits
limits    : tag|min|max?
```

虽然"Hello, World!"程序并没有用到表，但是 Rust 编译器还是生成了表段。观察 xxd 输出可以看到，函数段之后是表段（ID 是 4），内容占据 5 个字节，的确仅记录了一个表类型，这个表类型的元素类型也的确是函数引用（0x70），限制的 tag 是 1，上下限也都是 1。

```
...
00000030: 5F 63 68 61 72 00 00 03 0C 0B 01 02 02 02 02 03  _char...........
00000040: 02 04 02 04 03 04 05 01 70 01 01 01 05 03 01 00  ........p.......
00000050: 11 06 19 03 7F 01 41 80 80 C0 00 0B 7F 00 41 8E  ......A.......A.
...
```

下面是 wasm-objdump 命令打印出的结果。

```
...
Table[1]:
 - table[0] type=funcref initial=1 max=1
...
```

2.2.5　内存段

内存段列出模块内定义的内存。和表一样，Wasm 规范规定模块最多只能定义一块内存。由前文可知，内存类型只须指定内存页数限制。下面给出内存段和内存类型的编码格式。

```
mem_sec : 0x05|byte_count|vec<mem_type> # 目前 vec 长度只能是 1
mem_type: limits
```

观察 xxd 输出可以看到，表段之后是内存段（ID 是 5），内容占据 3 个字节，的确仅记录了一个内存类型。限制的 tag 是 0，内存页数的下限是 17（0x11），没有指定上限。

```
...
00000040: 02 04 02 04 03 04 05 01 70 01 01 01 05 03 01 00  ........p.......
00000050: 11 06 19 03 7F 01 41 80 80 C0 00 0B 7F 00 41 8E  ......A.......A.
```

```
00000060: 80 C0 00 0B 7F 00 41 8E 80 C0 00 0B 07 2C 04 06    ......A......,..
...
```

下面是 `wasm-objdump` 命令打印出的结果。

```
...
Memory[1]:
 - memory[0] pages: initial=17
...
```

2.2.6　全局段

全局段列出模块内定义的所有全局变量，全局项需要指定全局变量的类型（包括值类型和可变性）以及初始值，下面是全局项的结构体定义。

```
type Expr interface{} // 第 3 章再定义

type Global struct {
    Type GlobalType
    Init Expr
}
```

我们暂时先忽略指令和表达式，只要知道表达式以 0x0B 结尾即可，具体细节留到下一章再讨论。下面给出全局段、全局项和全局变量类型的编码格式。

```
global_sec : 0x06|byte_count|vec<global>
global     : global_type|init_expr
global_type: val_type|mut
expr       : byte*|0x0B
```

观察 xxd 输出可以看到，内存段之后是全局段（ID 是 6），内容占据 25（0x19）个字节，共记录了 3 个全局变量。其中第一个全局变量的类型是 i32（0x7F），可变（1 表示可变，0 表示不可变）。初始值由常量指令 i32.const（操作码 0x41，立即数 0x100000，详见第 3 章）给出，以 0x0B 结尾。

```
...
00000040: 02 04 02 04 03 04 05 01 70 01 01 01 05 03 01 00    ........p.......
00000050: 11 06 19 03 7F 01 41 80 80 C0 00 0B 7F 00 41 8E    ......A........A.
00000060: 80 C0 00 0B 7F 00 41 8E 80 C0 00 0B 07 2C 04 06    ......A......,..
...
```

这 3 个全局变量都是 Rust 编译器自动生成的，读者可以自行分析其他两个，下面是 `wasm-objdump` 命令打印出的结果。

```
...
Global[3]:
 - global[0] i32 mutable=1 - init i32=1048576
 - global[1] i32 mutable=0 - init i32=1048590
 - global[2] i32 mutable=0 - init i32=1048590
...
```

2.2.7　导出段

导出段列出模块所有导出成员，只有被导出的成员才能被外界访问，其他成员被很好地"封装"在模块内部。和导入段一样，导出段也可以包含 4 种导出项：函数、表、内存、全局变量。

相比导入项，导出项要简单一些。第一，只要指定成员名即可，不需要指定模块名。这点很容易理解，一个模块可以从很多模块导入项目，但所有的导出项肯定是共用一个模块名。至于模块名，其实并没有写在 Wasm 二进制格式里，而是在链接时由链接器指定，这部分内容在第 10 章会详细介绍。第二，导出项只要指定成员索引即可，不需要指定具体类型。这点也不难理解，因为类型可以通过索引从相应的段里查到，下面是导出项的结构体定义。

```
type Export struct {
    Name string
    Desc ExportDesc
}
```

和导入描述一样，导出描述在 Wasm 二进制里也是以 1 字节 tag 开头：0 表示函数、1 表示表、2 表示内存、3 表示全局变量。不管是哪种成员，导出描述只需要指定成员在其索引空间内的索引，所以我们可以共用一个字段来存放索引。下面是导出描述的结构体定义。

```
const (
    ExportTagFunc = 0; ExportTagTable  = 1;
    ExportTagMem  = 2; ExportTagGlobal = 3;
)

type ExportDesc struct {
```

```
      Tag byte
      Idx uint32
}
```

基于以上介绍可以给出导出段、导出项和导出描述的编码格式。

```
export_sec : 0x07|byte_count|vec<export>
export     : name|export_desc
export_desc: tag|[func_idx, table_idx, mem_idx, global_idx]
```

观察 xxd 输出可以看到，全局段之后是导出段（ID 是 7），内容占据 44（0x2C）个字节，共有 4 个导出项。其中第一个导出项的名字是 memory（长 6 字节），导出描述的 tag 是 2，说明导出的是内存，索引为 0。

```
...
00000060: 80 C0 00 0B 7F 00 41 8E 80 C0 00 0B 07 2C 04 06   ......A......,..
00000070: 6D 65 6D 6F 72 79 02 00 0A 5F 5F 64 61 74 61 5F   memory..._data_
00000080: 65 6E 64 03 01 0B 5F 5F 68 65 61 70 5F 62 61 73   end...__heap_bas
00000090: 65 03 02 04 6D 61 69 6E 00 01 0A D6 08 0B EA 01   e...main........
...
```

第二和第三个导出项描述的是全局变量，第四个导出项描述的是主函数，请读者自行分析。下面是 wasm-objdump 命令打印出的结果。

```
...
Export[4]:
 - memory[0] -> "memory"
 - global[1] -> "__data_end"
 - global[2] -> "__heap_base"
 - func[1] <main> -> "main"
...
```

2.2.8 起始段

起始段比其他段都简单，因为只需要记录一个起始函数索引，下面给出起始段的编码格式。

```
start_sec: 0x08|byte_count|func_idx
```

Rust 编译器没有给"Hello, World!"程序生成起始段。我们在第 4 章会讨论 Wasm 文本格式，到时候读者可以用 WAT 语言编写一个文本格式的模块，指定起始段，然后用

WABT 提供的 wat2wasm 命令编译成二进制格式进行观察。

2.2.9　元素段

元素段存放表初始化数据，每个元素项包含 3 部分信息：表索引（初始化哪张表）、表内偏移量（从哪里开始初始化）、函数索引列表（给定的初始数据）。我们已经知道，目前模块最多只能导入或定义一张表，所以表索引暂时只起占位作用，值必须为 0。等后续版本放开这个限制，表索引就可以真正派上用场了。和全局变量初始值类似，表内偏移量也是用表达式指定的，下面是元素项的结构体定义。

```
type Elem struct {
    Table   TableIdx
    Offset  Expr
    Init    []FuncIdx
}
```

基于以上介绍可以给出元素段和元素项的编码格式。

```
elem_sec: 0x09|byte_count|vec<elem>
elem    : table_idx|offset_expr|vec<func_idx>
```

虽然 Rust 编译器给 "Hello, World!" 程序生成了表段，但并没有生成元素段。我们将在第 9 章详细讨论表和间接函数调用，在第 9 章有一个 Rust 示例，读者可以编译那个例子，然后观察元素段内容。

2.2.10　代码段

可以说前面介绍的段里存放的都是辅助信息，代码段因为存放了函数的字节码，所以是 Wasm 二进制模块的核心。除了字节码，方法的局部变量信息也在代码段中。为了节约空间，局部变量信息是压缩后存储的：连续多个相同类型的局部变量会被分为一组，统一记录变量数量和类型，下面是代码项和局部变量组的结构体定义。

```
type Code struct {
    Locals []Locals
    Expr   Expr // 字节码，详见第 3 章
}

type Locals struct {
```

```
    N     uint32
    Type ValType
}
```

和其他段相比，代码段有一个特殊之处：每个代码项都以该项所占字节数开头。这显然是冗余信息，目的是方便 Wasm 实现并行处理（比如验证、分析、编译等）函数字节码。下面给出代码段、代码项和局部变量组的编码格式。

```
code_sec: 0x0A|byte_count|vec<code>
code    : byte_count|vec<locals>|expr
locals  : local_count|val_type
```

观察 xxd 输出可以看到，导出段之后是代码段，ID 是 10（0x0A），内容占据 1110（0xD6、0x08）个字节，一共有 11（0x0B）个代码项。注意，由于内容字节数 1110 超过了 127，所以 LEB128 编码后占据了两个字节，详见 2.3.1 节。

```
...
00000080: 65 6E 64 03 01 0B 5F 5F 68 65 61 70 5F 62 61 73  end...__heap_bas
00000090: 65 03 02 04 6D 61 69 6E 00 01 0A D6 08 0B EA 01  e...main........
000000a0: 01 16 7F 23 80 80 80 80 00 21 00 41 20 21 01 20  ...#.....!.A !.
000000b0: 00 20 01 6B 21 02 20 02 24 80 80 80 80 00 41 80  ...k!...$.....A.
...
```

其中第一个代码项内容占据 234（LEB128 编码后是 0xEA、0x01）个字节，有一个局部变量组，该组共计 22（0x16）个 i32 类型（0x7F）的局部变量（函数的字节码较长，限于篇幅没有完整展示）。

```
...
00000080: 65 6E 64 03 01 0B 5F 5F 68 65 61 70 5F 62 61 73  end...__heap_bas
00000090: 65 03 02 04 6D 61 69 6E 00 01 0A D6 08 0B EA 01  e...main........
000000a0: 01 16 7F 23 80 80 80 80 00 21 00 41 20 21 01 20  ...#.....!.A !.
000000b0: 00 20 01 6B 21 02 20 02 24 80 80 80 80 00 41 80  ...k!...$.....A.
...
```

请读者自行分析其余 10 个代码项，下面是 wasm-objdump 命令打印出的结果。

```
...
Code[11]:
 - func[1] size=234 <main>
 - func[2] size=19 <自定义段记录的函数名>
 - func[3] size=47 <自定义段记录的函数名>
 - func[4] size=19 <自定义段记录的函数名>
```

```
- func[5] size=47 <自定义段记录的函数名>
- func[6] size=37 <自定义段记录的函数名>
- func[7] size=47 <自定义段记录的函数名>
- func[8] size=219 <自定义段记录的函数名>
- func[9] size=5 <自定义段记录的函数名>
- func[10] size=102 <自定义段记录的函数名>
- func[11] size=319 <自定义段记录的函数名>
...
```

2.2.11　数据段

数据段和元素段有诸多相似之处：第一，元素段存放表初始化数据，数据段则存放内存初始化数据；第二，数据项也包含三部分信息：内存索引（初始化哪块内存）、内存偏移量（从哪里开始初始化）、初始数据；第三，目前模块最多只能导入或定义一个内存，所以内存索引暂时也只起占位作用，必须是 0；第四，内存偏移量也是由表达式指定的，下面是数据项的结构体定义。

```
type Data struct {
    Mem     MemIdx
    Offset Expr
    Init    []byte
}
```

基于以上介绍可以给出数据段和数据项的编码格式。

```
data_sec: 0x0B|byte_count|vec<data>
data    : mem_idx|offset_expr|vec<byte>
```

观察 xxd 输出可以看到，代码段之后是数据段，ID 是 11（0x0B），内容占据 23（0x17）个字节，只有一个数据项。这个数据项的内存索引的确是 0，偏移量由一条 i32.const 指令（操作码 0x41，立即数 0x100000，详见第 3 章）给出，以 0x0B 结尾。

```
...
000004f0: 1B 0F 0B 0B 17 01 00 41 80 80 C0 00 0B 0E 48 65  .......A......He
00000500: 6C 6C 6F 2C 20 57 6F 72 6C 64 21 0A 00 FC 06 04  llo, World!.....
00000510: 6E 61 6D 65 01 F4 06 0C 00 0A 70 72 69 6E 74 5F  name......print_
00000520: 63 68 61 72 01 04 6D 61 69 6E 02 51 5F 5A 4E 34  char..main.Q_ZN4
...
```

初始数据共 14（0x0E）字节，内容正是我们所熟悉的 Hello, World!\n 字符串。

```
...
000004f0: 1B 0F 0B 0B 17 01 00 41 80 80 C0 00 0B 0E 48 65    .......A......He
00000500: 6C 6C 6F 2C 20 57 6F 72 6C 64 21 0A 00 FC 06 04    llo, World!.....
00000510: 6E 61 6D 65 01 F4 06 0C 00 0A 70 72 69 6E 74 5F    name......print_
00000520: 63 68 61 72 01 04 6D 61 69 6E 02 51 5F 5A 4E 34    char..main.Q_ZN4
...
```

下面是 `wasm-objdump` 命令打印出的结果。

```
...
Data[1]:
 - segment[0] memory=0 size=14 - init i32=1048576
  - 0100000: 4865 6c6c 6f2c 2057 6f72 6c64 210a          Hello, World!.
...
```

2.2.12　自定义段

自定义段存放自定义数据，和其他段相比，自定义段主要有两点不同。第一，也是最重要的一点，在前文曾提到过，自定义段不参与模块语义。自定义段存放的都是额外信息（比如函数名和局部变量名等调试信息或第三方扩展信息），即使完全忽略这些信息也不影响模块的执行。第二，自定义段可以出现在任何一个非自定义段前后，而且出现的次数不受限制。

Wasm 规范要求自定义段的内容必须以一个字符串为开头，这个字符串作为自定义段的名称起到标识作用。对于比较自由的代码格式，不太可能定义整数 ID，所以只能使用字符串名称。这种做法在其他二进制格式里也很常见，比如 Java 类文件也使用字符串名称来标识各种属性。另外，考虑到通用性，Wasm 规范在附录 7.4 中定义了一个标准的自定义段，名字是 `name`，专门用来存放模块名、内部函数名和局部变量名。限于篇幅，本书不展开讨论自定义段，请读者阅读 Wasm 规范了解更多细节，下面是自定义段的结构体定义。

```
type CustomSec struct {
    Name   string
    Bytes []byte
}
```

基于以上介绍可以给出自定义段的统一编码格式。

```
custom_sec: 0x00|byte_count|name|byte*
```

观察 xxd 输出可以看到，数据段之后是自定义段（ID 是 0），内容占据 892（LEB128 编码后是 0xFC、0x06）个字节。自定义段的名称长 4 字节，正好对应字符串 name 的 4 个字符（自定义数据内容较长，没有完整展示）。

```
...
00000500: 6C 6C 6F 2C 20 57 6F 72 6C 64 21 0A 00 FC 06 04  llo, World!.....
00000510: 6E 61 6D 65 01 F4 06 0C 00 0A 70 72 69 6E 74 5F  name......print_
00000520: 63 68 61 72 01 04 6D 61 69 6E 02 51 5F 5A 4E 34  char..main.Q_ZN4
...
```

下面是 wasm-objdump 命令打印出的结果（此处省略了大部分输出）。

```
...
Custom:
 - name: "name"
 - func[0] <print_char>
 - func[1] <main>
 - ...
```

至此，整个"Hello, World!"程序就分析完毕了。出于完整考虑，下面给出模块的总体格式（完整的模块二进制格式描述见本书附录 B）。

```
module: magic|version|type_sec?|import_sec?|func_sec?
        |table_sec?|mem_sec?|global_sec?|export_sec?
        |start_sec?|elem_sec?|code_sec?|data_sec?
```

2.3　二进制格式解码

现在我们已经详细了解了 Wasm 二进制格式，并且定义好了模块的内存表示（Module 结构体），有了这些基础，编写模块解码逻辑就不难了。本节将有侧重的介绍一些有代表性的代码。

2.3.1　LEB128 介绍

通过前面的学习我们已经看到了，为了节约空间，Wasm 二进制格式使用 LEB128（Little Endian Base 128）来编码列表长度和索引等整数值。LEB128 是一种变长编码格式（variable-length code），对于 32 位整数来说，编码后可能是 1 到 5 个字节。对于 64 位整数来说，编码后可能是 1 到 10 个字节。越小的整数，编码后占用的字节数就越少。由于像列表长度和索引这样的整数通常都比较小，所以采用 LEB128 编码格式就可以起到节约空间的作用。类似的优化在其他二进制格式里也很常见，最典型的就是 Google 的 Protobuf。

LEB128 有两个特点。第一，采用小端编码方式，低位字节在前，高位字节在后；第二，采用 128 进制，每 7 个比特为一组，由一个字节的第 7 位承载，空出来的最高位是标志位，1 表示还有后续字节，0 表示没有。LEB128 有两种变体，分别用来编码无符号整数和有符号整数。下面我们通过两个例子来介绍 LEB128，先看无符号整数的例子，如图 2-2 所示。

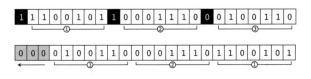

图 2-2　LEB128 无符号整数解码

图 2-2 上方一共画了 3 个字节，因为前两个字节的最高位是 1，第 3 个字节的最高位是 0，所以我们知道这 3 个字节构成了一个完整的 LEB128 整数。将这 3 个字节的顺序反转，去掉最高位，将剩下的 21 个比特拼接起来，最后将高位补零就得到了最终的解码结果。我们再来看一个有符号整数的例子，如图 2-3 所示。

图 2-3　LEB128 有符号整数解码

判断字节个数、反转字节顺序、去掉最高位字节，这些操作都和无符号整数大体一致，只有最后一个字节的处理方式是不同的。最后一个字节的第二高位（左数第二位）是符号位。如果符号位是 1，表示这是一个负数，需要将高位全部补 1；如果符号位是 0，表示这是一个正数，需要将高位全部补 0。

根据以上的介绍，下面给出 LEB128 无符号整数解码函数。

```
func decodeVarUint(data []byte, size int) (uint64, int) {
```

```
    result := uint64(0)
    for i, b := range data {
        result |= (uint64(b) & 0x7f) << (i * 7)
        if b&0x80 == 0 {
            return result, i + 1
        }
    }
  panic(errors.New("unexpected end of LEB128"))
}
```

这个函数可以同时处理 32 位和 64 位整数，由参数 size 控制。第一个返回值表示解码后的整数（如果是 32 位整数，可以强转为 uint32 类型），第二个返回值表示实际消耗的字节数。LEB128 有符号整数解码函数稍微复杂一些，代码如下所示。

```
func decodeVarInt(data []byte, size int) (int64, int) {
    result := int64(0)
    for i, b := range data {
        result |= (int64(b) & 0x7f) << (i * 7)
        if b&0x80 == 0 {
            if (i*7 < size) && (b&0x40 != 0) {
                result = result | (-1 << ((i + 1) * 7))
            }
            return result, i + 1
        }
    }
  panic(errors.New("unexpected end of LEB128"))
}
```

为了突出重点，上面两个函数都省略了一些错误处理逻辑，读者可以从 leb128.go 文件里找到这两个函数的完整代码。后文出现的代码也做了类似处理，不再赘述。在第 11 章将介绍 Wasm 二进制格式解码过程中可能会遇到的各种错误。

2.3.2　解码基本类型

如前文所述，Wasm 在语义上只支持 4 种基本类型：32 位整数、64 位整数、32 位浮点数、64 位浮点数。Wasm 规范要求整数使用 2 的补码表示，浮点数满足 IEEE 754-2019 规范。由于这两种格式也被 Go 语言以及其他很多现代编程语言采纳，所以 Wasm 基本类型和 Go 语言基本类型有一个非常直接的映射关系。注意，当我们说到整数的时候，并没有强调符号。符号并不是整数内在的属性，关键看怎么解释它，这一点在下一章讨论指令集时会做进一步说明。

如果把范围放宽到整个 Wasm 二进制格式，还可以再添加两种基本类型：字节和名字。表 2-1 对这些基本类型以及它们在 Wasm 和 Go 之间的映射关系进行了总结。

表 2-1　基本类型对照表

Wasm 类型	Go 语言类型	Wasm 类型	Go 语言类型
i32	int32	i64	int64
u32	uint32	u64	uint64
f32	float32	f64	float64
byte	uint8/byte	name	string

虽然 Go 语言不是标准的面向对象语言，但却可以在很大程度上模拟面向对象的写法。为了提高代码可读性和可维护性，我们定义一个结构体来封装二进制模块解码逻辑，代码如下所示（在 reader.go 文件中）。

```
type wasmReader struct {
    data []byte
}
```

这个结构体很简单，只有一个字段，存放 Wasm 二进制模块的数据。Go 语言的切片类型用起来很方便，读取一部分数据后，重新切片将这部分数据丢弃，所以没必要再维护其他内部状态。我们先实现字节、32 位整数、32 位浮点数、64 位浮点数这 4 个方法来读取定长数值：其中定长 32 位整数只在读取魔数和版本号时使用，浮点数在下一章解码指令时才会用到。下面是这 4 个方法的代码。

```
func (reader *wasmReader) readByte() byte {
    b := reader.data[0]
    reader.data = reader.data[1:]
    return b
}
func (reader *wasmReader) readU32() uint32 {
    n := binary.LittleEndian.Uint32(reader.data)
    reader.data = reader.data[4:]
    return n
}
func (reader *wasmReader) readF32() float32 {
    n := binary.LittleEndian.Uint32(reader.data)
    reader.data = reader.data[4:]
    return math.Float32frombits(n)
}
```

```go
func (reader *wasmReader) readF64() float64 {
    n := binary.LittleEndian.Uint64(reader.data)
    reader.data = reader.data[8:]
    return math.Float64frombits(n)
}
```

请注意 func 关键字和方法名之间的接收器（Receiver），这是 Go 语言里给结构体定义方法（Method）的特殊写法。如果没有接收器，那么定义的就是普通的函数（Function）。另外请注意我们是如何对数据重新切片，以及如何处理小端编码的。接下来的 3 个方法用于读取变长整数，代码如下所示。

```go
func (reader *wasmReader) readVarU32() uint32 {
    n, w := decodeVarUint(reader.data, 32)
    reader.data = reader.data[w:]
    return uint32(n)
}
func (reader *wasmReader) readVarS32() int32 {
    n, w := decodeVarInt(reader.data, 32)
    reader.data = reader.data[w:]
    return int32(n)
}
func (reader *wasmReader) readVarS64() int64 {
    n, w := decodeVarInt(reader.data, 64)
    reader.data = reader.data[w:]
    return n
}
```

无符号变长整数主要是用来编码索引和向量长度的，有符号变长整数在下一章介绍解码指令时才会用到。由于使用了前面准备好的两个 LEB128 解码函数，这 3 个方法实现起来都很简单。接下来的两个方法用于读取字节向量和名字，代码如下所示。

```go
func (reader *wasmReader) readBytes() []byte {
    n := reader.readVarU32()
    bytes := reader.data[:n]
    reader.data = reader.data[n:]
    return bytes
}
func (reader *wasmReader) readName() string {
    data := reader.readBytes()
    return string(data)
}
```

读取字节向量，首先要读取字节长度，然后读取相应数量的字节。由于 Go 语言字符串本身就采用 UTF-8 编码后的字节序列作为内部表示，所以直接读取字节向量然后强制转换成字符串即可完成解码。最后我们定义一个辅助方法，用于查看剩余的字节数量，代码如下所示。

```
func (reader *wasmReader) remaining() int {
    return len(reader.data)
}
```

有了这些方法，实现 Wasm 二进制模块解码逻辑就比较轻松了，下面再对一些关键的逻辑进行介绍。

2.3.3　解码向量类型

前面介绍了如何解码字节向量，解码其他类型的向量也是一样的：先解码向量数量，然后解码相应数量的向量。为了加深理解，我们再来看一下类型段是如何解码的。

```
func (reader *wasmReader) readTypeSec() []FuncType {
    vec := make([]FuncType, reader.readVarU32())
    for i := range vec {
        vec[i] = reader.readFuncType()
    }
    return vec
}
func (reader *wasmReader) readFuncType() FuncType {
    return FuncType{
        Tag:         reader.readByte(),
        ParamTypes:  reader.readValTypes(),
        ResultTypes: reader.readValTypes(),
    }
}
```

2.3.4　处理 tag

诸如导入和导出描述，以及限制（Limit），需要先解码，然后再根据 tag 值解码其他内容。以导入描述为例，其解码方法如下所示。

```
func (reader *wasmReader) readImportDesc() ImportDesc {
    desc := ImportDesc{Tag: reader.readByte()}
```

```
    switch desc.Tag {
    case ImportTagFunc:   desc.FuncType = reader.readVarU32()
    case ImportTagTable:  desc.Table    = reader.readTableType()
    case ImportTagMem:    desc.Mem      = reader.readLimits()
    case ImportTagGlobal: desc.Global   = reader.readGlobalType()
    default: panic(fmt.Errorf("invalid import desc tag: %d", desc.Tag))
    }
    return desc
}
```

2.3.5 解码代码项和表达式

由于我们还没有介绍指令和表达式的编码格式，所以无法解码方法的字节码，只能先解码出局部变量信息，代码如下所示。

```
func (reader *wasmReader) readCode() Code {
    codeReader := &wasmReader{data: reader.readBytes()}
    code := Code{
        Locals: codeReader.readLocalsVec(),
    }
    return code
}
```

同理，我们暂时还无法解码表达式，只能跳过全部字节。这两个问题会在下一章进行处理，下面是临时的表达式解码方法。

```
func (reader *wasmReader) readExpr() Expr {
    for reader.readByte() != 0x0B {}
    return nil
}
```

2.3.6 解码整体结构

模块的整体结构处理起来并不难：先解码并检查魔数和版本号，然后根据段 ID 依次解码各个段即可，代码如下所示。

```
func (reader *wasmReader) readModule(module *Module) {
    module.Magic = reader.readU32()
    module.Version = reader.readU32()
    reader.readSections(module)
}
```

段的解码稍微有点复杂：第一，要处理好随时可能出现的自定义段；第二，要保证非自定义段是按照 ID 递增的顺序出现的，且最多只能出现一次；第三，要确认跟在段 ID 后面的字节数和段内容实际占用的字节数真的一致。下面给出 readSections() 方法的代码。

```
func (reader *wasmReader) readSections(module *Module) {
    prevSecID := byte(0)
    for reader.remaining() > 0 {
        secID := reader.readByte()
        if secID == SecCustomID {
            module.CustomSecs = append(module.CustomSecs,
                reader.readCustomSec())
            continue
        }

        if secID > SecDataID || secID <= prevSecID {
            panic(fmt.Errorf("malformed section id: %d", secID))
        }
        prevSecID = secID

        n := reader.readVarU32()
        remainingBeforeRead := reader.remaining()
        reader.readNonCustomSec(secID, module)
        if reader.remaining()+int(n) != remainingBeforeRead {
            panic(fmt.Errorf("section size mismatch, id: %d", secID))
        }
    }
}
```

本书的 Wasm 实现完全忽略自定义段，自定义段的解码逻辑非常简单，代码如下所示。

```
func (reader *wasmReader) readCustomSec() CustomSec {
    secReader := &wasmReader{data: reader.readBytes()}
    return CustomSec{
        Name:  secReader.readName(),
        Bytes: secReader.data,
    }
}
```

非自定义段的解码逻辑是一个 switch-case 语句，代码如下所示。

```
func (reader *wasmReader) readNonCustomSec(secID byte, module *Module) {
    switch secID {
```

```
        case SecTypeID:   module.TypeSec   = reader.readTypeSec()
        case SecImportID: module.ImportSec = reader.readImportSec()
        case SecFuncID:   module.FuncSec   = reader.readIndices()
        case SecTableID:  module.TableSec  = reader.readTableSec()
        case SecMemID:    module.MemSec    = reader.readMemSec()
        case SecGlobalID: module.GlobalSec = reader.readGlobalSec()
        case SecExportID: module.ExportSec = reader.readExportSec()
        case SecStartID:  module.StartSec  = reader.readStartSec()
        case SecElemID:   module.ElemSec   = reader.readElemSec()
        case SecCodeID:   module.CodeSec   = reader.readCodeSec()
        case SecDataID:   module.DataSec   = reader.readDataSec()
        }
    }
}
```

2.3.7　处理错误情况

Go 语言不支持异常处理，只有功能类似的 panic-recover 机制。为了让逻辑更加清晰，上面的方法在遇到错误时都是直接调用 Go 语言内置的 `panic()` 函数试图终止程序，但这并不是 Go 语言的惯用法。Go 语言支持函数多返回值，推荐的做法是利用最后一个返回值返回错误信息（`nil` 表示没有出错），函数的调用方在调用完函数后应该先检查并处理错误。

我们可以把 `readModule()` 方法包装一下，提供一个对外使用的 `Decode()` 函数，这样就起到了一举两得的效果（既让大部分代码逻辑清晰，又让对外 API 满足惯例）。下面是 `Decode()` 函数的代码。

```
func Decode(data []byte) (module Module, err error) {
    defer func() {
        if r := recover(); r != nil {
            err = r.(error)
        }
    }()
    reader := &wasmReader{data: data}
    reader.readModule(&module)
    return
}
```

还可以再包装一层，直接对 Wasm 二进制文件进行解码。由于 Go 语言不支持函数或方法的重载，所以只能起不同的函数名。下面是 `DecodeFile()` 函数的代码。

```go
func DecodeFile(filename string) (Module, error) {
    data, err := ioutil.ReadFile(filename)
    if err != nil { return Module{}, err }
    return Decode(data)
}
```

2.4　实现 dump 命令

在 2.1 节和 2.2 节，我们定义好了模块的内存表示。在 2.3 节，我们讨论了如何解码二进制模块。有了这两项基础，我们就可以自己写一个 wasm-objdump 工具了。Go 工程的最佳实践是把命令行工具统一放在项目的 cmd 包里，我们也采用这种做法，下面是本章代码的完整目录结构。

```
code/go/ch02/wasm.go/
├─── binary/
├─── cmd/
│     └─── wasmgo/
│           ├─── dumper.go
│           └─── main.go
├─── go.mod
└─── go.sum
```

相比模块的解码逻辑，打印逻辑更为简单，有关代码全部在 dumper.go 文件里。下面给出 main.go 文件的全部代码。

```go
package main

import (
    "flag"
    "fmt"
    "os"
    "wasm.go/binary"
)

func main() {
    dumpFlag := flag.Bool("d", false, "dump")
    flag.Parse()
    if flag.NArg() != 1 {
        fmt.Println("Usage: wasmgo [-d] filename")
        os.Exit(1)
    }
```

```
    module, err := binary.DecodeFile(flag.Args()[0])
    if err != nil {
        fmt.Println(err.Error())
        os.Exit(1)
    }

    if *dumpFlag {
        dump(module) // 在 dumper.go 文件里
    }
}
```

执行命令查看结果。

```
$ cd code/go/ch02/wasm.go/
$ go run wasm.go/cmd/wasmgo -d ../../../js/ch01_hw.wasm
Version: 0x01
Type[5]:
  type[0]: (i32)->()
  type[1]: ()->()
  type[2]: (i32,i32)->(i32)
  type[3]: (i32)->(i32)
  type[4]: (i32,i32,i32)->()
Import[1]:
  func[0]: env.print_char, sig=0
Function[11]:
  func[1]: sig=1
  func[2]: sig=2
  ...
Table[1]:
  table[0]: {min: 1, max: 1}
Memory[1]:
  memory[0]: {min: 17, max: 0}
Global[3]:
  global[0]: {type: i32, mut: 1}
  global[1]: {type: i32, mut: 0}
  global[2]: {type: i32, mut: 0}
Export[4]:
  memory[0]: name=memory
  global[1]: name=__data_end
  global[2]: name=__heap_base
  func[1]: name=main
Start:
Element[0]:
Code[11]:
  func[1]: locals=[i32 x 22]
```

```
  func[2]: locals=[i32 x 1]
  ...
Data[1]:
  data[0]: mem=0
Custom[1]:
  custom[0]: name=name
```

2.5 本章小结

本章介绍了 Wasm 二进制格式，定义了模块内存表示，并且编写了模块解码器和
dump 程序。作为一种二进制格式，Wasm 使用了很多常见的编码模式，比如使用变长
整数节约空间、将列表长度前置、使用 tag 标识后续类型、使用 ID 标识已定义结构、使
用名称标识开放结构等。掌握这些模式，对于研究其他二进制格式也很有帮助。关于
Wasm 二进制格式，这一章跳过了最为核心的内容：指令和表达式。下一章我们会详细讨
论 Wasm 指令集和字节码，补上这一部分内容。

第3章 指 令 集

第2章对模块的整体结构和各个段进行了详细介绍，但是跳过了指令和表达式这两项重要内容，推迟到本章具体讨论。和第2章一样，本章先概括介绍 Wasm 指令集，然后结合实例分析指令编码格式，最后介绍如何解码指令并完善 dump 程序。

3.1 指令集介绍

和汇编代码一样，Wasm 二进制模块中的代码（包括代码段中的函数代码、全局段中的初始值表达式，以及元素和数据段中的偏移量表达式）也由一条一条的指令构成。同样，Wasm 指令包含两部分信息：操作码（Opcode）和操作数（Operands）。操作码是指令的 ID，决定指令将执行的操作；操作数则相当于指令的参数，决定指令的执行结果。

3.1.1 操作码

Wasm 指令的操作码固定为一个字节，因此指令集最多只能包含 256 条指令。像这样的代码有一个响亮的名称：字节码（最有名的就是 Java 字节码）。Wasm 规范一共定义了 178 条指令，这些指令按功能可以分为 5 大类，分别是：

1）控制指令（Control Instructions），共 13 条指令，将在第 8 章详细介绍；

2）参数指令（Parametric Instructions），共 2 条指令，将在第 5 章详细介绍；

3）变量指令（Variable Instructions），共 5 条指令，将在第 7 章详细介绍；

4）内存指令（Memory Instructions），共 25 条指令，将在第 6 章详细介绍；

5）数值指令（Numeric Instructions），共 133 条指令，将在第 5 章详细介绍。

可以看到，在已经定义的指令中，有近 3/4 属于数值指令。数值指令又可以按操作进一步分为常量指令、测试指令、比较指令、算术运算指令、类型转换指令等几个小类。图 3-1 所示是指令的操作码分布图（空白区域是未定义操作码，此外，数值指令中的饱和截断指令较为特殊，图中并未体现，详见第 5 章）。

图 3-1　Wasm 指令集操作码分布图

根据 Wasm 规范，我们可以把这 178 个操作码定义为常量。这里不列出全部代码，读者可以在 code/go/ch03/wasm.go/binary/opcodes.go 文件里找到完整的常量定义，或者从本书附录 A 中查看全部操作码，下面是部分代码。

```
const (
    Unreachable     = 0x00 // unreachable
    Nop             = 0x01 // nop
    Block           = 0x02 // block rt in* end
    Loop            = 0x03 // loop rt in* end
    If              = 0x04 // if rt in* else in* end
    Else_           = 0x05 // else
    End_            = 0x0B // end
    Br              = 0x0C // br l
    BrIf            = 0x0D // br_if l
    BrTable         = 0x0E // br_table l* lN
    Return          = 0x0F // return
    Call            = 0x10 // call x
    CallIndirect    = 0x11 // call_indirect x
    ... // 其他代码省略
}
```

以上常量名来自操作码助记符（详见 3.1.2 节）。由于几乎所有助记符都不符合 Go 语言常量命名规则或命名风格，所以进行了统一处理：去掉了点号和下划线，整体改成了首字母大写驼峰式。

3.1.2　助记符

操作码毕竟只是一个整数，虽然便于机器处理，但是对人类不友好。为了方便开发者书写和理解，和汇编语言一样，Wasm 规范给也给每个操作码定义了助记符（Mnemonic）。比如操作码 0x01 的助记符是 nop，表示无操作（No Operation）；操作码 0x10 的助记符是 call，表示函数调用。

如前所述，Wasm 规范已经定义了 178 条指令，好在这些指令中有很多实现的功能近似，理解一条指令就理解了一组指令。这些指令的操作码助记符也有很强的关联性，因此掌握助记符命名规则对以后理解指令功能大有裨益。下面列出最重要的两条助记符命名规则（如果现在觉得不太好理解也没关系，等后面遇到具体指令时自然就明白了）。

1. 类型前缀

如第 2 章所述，Wasm 只支持 4 种数值类型：i32、i64、f32、f64。Wasm 指令集中很大一部分指令是以这 4 种数值中的某一种为主进行操作，这些指令的操作码助记符以类型和点号为前缀，比如 i32.load、i64.const、f32.add、f64.max。

2. 符号后缀

如第 2 章所述，Wasm 规范要求整数采用 2 的补码表示。使用这种编码格式，数据里并没有显式编码整数的符号位，所以数值可以被解释为正数，也可以被解释为负数。对于某些计算（比如加、减、乘），无论怎么解释，最终的计算结果都是一样的；对于另外一些计算（比如除、求余、比较），就必须指定数值有无符号。如果整数指令的结果不受符号影响，则操作码助记符无特别后缀，比如 i32.add。否则，由指令决定将整数解释为有符号（Signed，操作码助记符以 _s 结尾）还是无符号（Unsigned，操作码助记符以 _u 结尾）。强调符号的指令一般成对出现，比如 i64.div_s 和 i64.div_u。

助记符并不是 Wasm 实现的必要元素，不过它有助于调试代码，而且 dump 程序也需要用到它。由于 Go 语言没办法在运行时获取常量名字，所以我们需要定义一个操作码到助记符的映射表，因为操作码不超过 256 个，所以用切片就足够了。完整的操作码定义在 binary/opnames.go 文件里，下面展示部分代码。

```go
var opnames = make([]string, 256)

func init() {
    opnames[Unreachable] = "unreachable"
    opnames[Nop]         = "nop"
    opnames[Block]       = "block"
    opnames[Loop]        = "loop"
    opnames[If]          = "if"
    opnames[Else_]       = "else"
    opnames[End_]        = "end"
    opnames[Br]          = "br"
    opnames[BrIf]        = "br_if"
    opnames[BrTable]     = "br_table"
    opnames[Return]      = "return"
    opnames[Call]        = "call"
    opnames[CallIndirect] = "call_indirect"
    ... // 其他代码省略
}
```

3.1.3　立即数

上文提到 Wasm 指令包含两部分信息：操作码和操作数。这么说其实不太准确，准确地说，操作数又分为两种：**静态**操作数和动态操作数。静态操作数直接编码在指令里，跟在操作码的后面。动态操作数在运行时从操作数栈（详见 3.1.4 节）获取。为了避免混淆，我们把静态操作数称为指令的**静态立即参数**（Static Immediate Arguments），后文简称**立即数**。如无特别说明，后文出现的操作数特指**动态操作数**（Dynamic Operands）。

基于以上介绍，可以给出 Wasm 指令的结构体定义（表达式、指令、立即数相关的结构体全部在 binary/instruction.go 文件中，后文不再赘述）。

```go
type Instruction struct {
    Opcode byte
    Args   interface{}
}

func (instr Instruction) GetOpname() string {
    return opnames[instr.Opcode]
}
```

其实 Wasm 大部分指令都是没有立即数的，指令的立即数可以大致分为：数值（包括常量和索引）、内存指令和控制指令参数。为了让指令结构体保持简洁，我们使用 Go 语言的空接口（可以存放任意类型的值）来统一存放立即数。立即数类型取决于操作码，需要强制转换后使用。常量和索引直接用数值表示就可以了，下面来看一下内存指令和控制指令的参数定义。

1. 内存指令

内存加载 / 存储系列指令需要指定内存偏移量和对齐提示（详见第 6 章），下面是内存指令立即数的结构体定义。

```
type MemArg struct {
    Align  uint32
    Offset uint32
}
```

2. block 和 loop 指令

我们都知道 GOTO 语句是有害的，会导致代码无法阅读。Wasm 彻底摒弃了低级的 GOTO 和 JUMP 指令，采用更为高级的结构化控制指令。简而言之，就是使用 block、loop 和 if 这 3 种指令定义顺序、循环和分支结构的起点。这 3 种指令都必须以 end 指令为终点，形成内部是嵌套的指令序列。我们可以使用 br 系列指令跳出 block 和 if 块，或者重新开始 loop 块。另外，这 3 种指令很像内联函数，可以带有参数值和结果值（详见第 8 章）。

除了跳转目标不同，block 指令和 loop 指令在代码结构上是完全一样的，所以可以共用一个立即数结构体。为了反映结构化控制指令的嵌套性，简化实现难度，我们把内嵌的指令序列也当作指令的立即数。下面是 block 指令和 loop 指令的立即数结构体定义。

```
type BlockType = int32

type BlockArgs struct {
    BT     BlockType
    Instrs []Instruction
}
```

在多返回值提案被接受之前，块类型非常简单：不能有参数，且最多只能有一个结果。当时，块类型是用一个字节来表示的：0x7F 表示有一个 i32 类型结果、0x7E 表示有一个 i64 类型结果、0x7D 表示有一个 f32 类型结果、0x7C 表示有一个 f64 类型结果、0x40 表示没有结果。随着限制的放开，块类型在 Wasm 二进制中被重新解释为 LEB128 有符号整数，解码后的数值对应两种可能：

1）**负数**：必须是 -1、-2、-3、-4 或者 -64，对应限制放开前的 5 种结果；
2）**非负数**：必须是有效的类型索引（块类型也存在类型段中）。

块类型的解码逻辑将在 3.3 节详细介绍。如果觉得控制指令不好理解也不用担心，后面会结合实例进行分析，第 8 章将进一步介绍并实现这些指令。结构化控制指令使得 Wasm 字节码非常容易验证，第 11 章将详细说明这一点。

3. if 指令

相比 block 和 loop 块，if 块稍微复杂一些，因为其内部的指令序列被 else 指令一分为二。我们用两个指令切片来表示这两条分支，下面是 if 指令的立即数结构体定义。

```
type IfArgs struct {
    BT      BlockType
    Instrs1 []Instruction
    Instrs2 []Instruction
}
```

4. br_table 指令

前面提到的 br 系列指令包括 4 条：br、br_if、br_table 和 return。其中 return 指令没有立即数，br 和 br_if 指令的立即数是索引类型，没必要单独定义。只有 br_table 指令的立即数比较复杂，包括一个跳转表和默认跳转标签，下面是它的立即数结构体定义。

```
type BrTableArgs struct {
    Labels  []LabelIdx
    Default LabelIdx
}
```

以上就是需要专门定义的指令立即数结构体，表 3-1 对全部指令的立即数类型和用途进行了汇总（饱和截断指令比较特殊，详见第 5 章）。

表 3-1　指令立即数对照表

指令类型	指　令	Args 字段实际类型	Args 说明
控制指令	block & loop	BlockArgs	结果类型 + 子表达式
	if	IfArgs	结果类型 + 子表达式 x2
	br & br_if	uint32	标签索引
	br_table	BrTableArgs	标签索引表 + 默认标签
	call	uint32	函数索引
	call_indirect	uint32	函数类型索引
变量指令	—	uint32	变量索引
内存指令	load & store	MemArg	对齐 + 偏移
	size & grow	uint32 (0)	内存索引（暂不使用）
	i32.const	int32	32 位有符号整数
	i64.const	int64	64 位有符号整数
	f32.const	float32	32 位浮点数
	f64.const	float64	64 位浮点数
	—	nil	没有立即数

3.1.4　操作数

和 Java 虚拟机一样，Wasm 规范实际上也定义了一台概念上的**栈式虚拟机**。绝大多数的 Wasm 指令都是基于一个虚拟栈工作：从栈顶弹出若干个数，进行计算，然后把结果压栈。如上文所述，我们把这些运行时位于栈顶并被指令操纵的数叫作指令的**动态操作数**，简称**操作数**。很自然的，我们称这个栈为**操作数栈**。为了实现控制指令，Wasm 还需要一个控制栈（详见第 8 章）。在不至于产生歧义的地方，我们将操作数栈简称为**栈**。

由于采用了栈式虚拟机，大部分 Wasm 指令（特别是数值指令）都很短，只有一个操作码，这是因为操作数已经隐含在栈上了。举例来说，`i32.add` 指令只有一个操作码 `0x6A`。在执行时，这条指令从栈顶弹出两个 `i32` 类型的整数，这两个整数相加，然后把结果（也是 `i32` 类型）压栈。这一设计使得 Wasm 字节码非常紧凑。

顺便说一下，Python 和 Ruby 等语言内部使用的也是栈式虚拟机。作为对比，还有一些编程语言采用**寄存器虚拟机**，比如 Lua 语言和 Android 早期的 Dalvik 虚拟机。因为指令中需要包含寄存器索引，所以寄存器虚拟机的指令一般比较长。以 Lua 虚拟机为例，指令固定长度为 4 字节，加法指令可以写成 `ADD A B C`，表示将寄存器 B 和寄存器 C

中的数相加，写入寄存器 A。

基于栈的虚拟机和基于寄存器的虚拟机各有利弊，这里就不展开讨论了。读完本书之后，读者应该会对栈式虚拟机有一定的了解。如果想再深入了解寄存器虚拟机，可以参考我写的另外一本书《自己动手实现 Lua：虚拟机、编译器和标准库》。

3.2 指令分析

前面的介绍可能比较抽象，这一节将通过一些实例来具体分析指令。为了让例子尽可能简单，我们不再使用前两章用过的 Rust 版 "Hello, World!" 程序，而是用 Wasm 文本格式（也就是 WAT 语言）编写一些有针对性的代码。请读者注意，这一节我们的目标是掌握各种指令的编码格式，所以即使不能完全理解这些例子也没关系，在第 4 章，我们将详细讨论 Wasm 文本格式，从第 5 章开始，我们再详细讨论并实现各种指令。

由于两条参数指令都比较简单（也没有立即数），本节就不专门分析了，在第 5 章会做具体介绍。下面先来分析较为简单的数值指令，然后分析变量和内存指令，最后再分析控制指令。

3.2.1 数值指令

数值指令中的饱和截断指令比较特殊。在写作本书时，该指令正式加入 Wasm 规范。饱和截断指令其实是一组指令，共 8 条，和普通的浮点数截断指令一一对应。这组指令的格式为前缀操作码（0x0F）+ 子操作码，可以将其当作是 8 条指令，每条指令的操作码占两个字节；也可以当作一条指令，子操作码是该指令的立即数。为了和其他指令统一，本书将其当作一条指令处理。因此，在全部 133 条数值指令中，只有 4 条常量指令和饱和截断指令有立即数。

1）i32.const（操作码 0x41）：带一个 s32 类型的立即数，使用 LEB128 有符号格式编码。

2）i64.const（操作码 0x42）：带一个 s64 类型的立即数，使用 LEB128 有符号格式编码。

3）f32.const（操作码 0x43）：带一个 f32 类型的立即数，固定占 4 字节。

4）f32.const（操作码 0x44）：带一个 f32 类型的立即数，固定占 8 字节。

5）trunc_sat（操作码 0xFC）：带一个单字节的立即数。该指令比较特殊，详见第 5 章。

关于 LEB128 编码格式的详细内容请参考 2.1.3 节。第 5 章将详细介绍数值指令，下面给出数值指令的编码格式（沿用上一章的描述方式）。

```
i32.const: 0x41|s32
i64.const: 0x42|s64
f32.const: 0x43|f32
f64.const: 0x44|f64
trunc_sat: 0xfc|byte
num_instr: opcode
```

数值指令比较多，无法逐一介绍，下面的例子仅展示常量指令、加法指令和饱和截断指令。

```
(module
  (func
    (f32.const 12.3) (f32.const 45.6) (f32.add)
    (i32.trunc_sat_f32_s) (drop)
  )
)
```

WAT 示例代码在 code/wat 目录下，本章的示例全部以 ch03 开头，这些例子只是为了展示指令编码格式，除此之外没有实际的意义。

使用 wat2wasm 命令编译上面的例子，然后使用 xxd 命令观察二进制模块代码段（ID 是 0x0A），就能很容易地找出两条 f32.const 指令，以及跟在这两条指令后面的 f32.add 指令（操作码 0x92），以及饱和截断指令（操作码 0xFC）。

```
$ wat2wasm code/wat/ch03_eg1_num.wat
$ xxd -u -g 1 ch03_eg1_num.wasm
00000000: 00 61 73 6D 01 00 00 00 01 04 01 60 00 00 03 02  .asm.......`....
00000010: 01 00 0A 12 01 10 00 43 CD CC 44 41 43 66 66 36  .......C..DACff6
00000020: 42 92 FC 00 1A 0B                                B.....
```

下面是 wasm-objdump 命令打印出的结果（使用 -d 选项开启字节码反编译）。

```
$ wasm-objdump -d ch03_eg1_num.wasm
...
000016 func[0]:
```

```
000017: 43 cd cc 44 41          | f32.const 0x1.89999ap+3
00001c: 43 66 66 36 42          | f32.const 0x1.6ccccccp+5
000021: 92                      | f32.add
000022: fc 00                   | i32.trunc_sat_f32_s
000024: 1a                      | drop
000025: 0b                      | end
```

3.2.2 变量指令

变量指令共 5 条，其中 3 条用于读写局部变量，立即数是局部变量索引；另外 2 条用于读写全局变量，立即数是全局变量索引。第 7 章将详细介绍变量指令，下面给出变量指令的编码格式。

```
local.get : 0x20|local_idx
local.set : 0x21|local_idx
local.tee : 0x22|local_idx
global.get: 0x23|global_idx
global.set: 0x24|global_idx
```

我们来看一个具体的例子。

```
(module
  (global $g1 (mut i32) (i32.const 1))
  (global $g2 (mut i32) (i32.const 1))

  (func (param $a i32) (param $b i32)
    (global.get $g1) (global.set $g2)
    (local.get $a) (local.set $b)
  )      •
)
```

编译 WAT 文件，然后用 xxd 命令观察二进制模块代码段。由第 2 章可知，索引在 Wasm 二进制格式中按 LEB128 无符号整数格式编码。采用这种编码格式，小于 128 的整数编码后就是它本身（2 的补码表示），编码后的数据只占一个字节。根据这些线索就能很容易地找到 4 条变量指令。

```
$ wat2wasm code/wat/ch03_eg2_var.wat
$ xxd -u -g 1 ch03_eg2_var.wasm
00000000: 00 61 73 6D 01 00 00 00 01 06 01 60 02 7F 7F 00  .asm.......`....
00000010: 03 02 01 00 06 0B 02 7F 01 41 01 0B 7F 01 41 01  .........A....A.
00000020: 0B 0A 0C 01 0A 00 23 00 24 01 20 00 21 01 0B     ......#.$. .!..
```

下面是 wasm-objdump 命令打印出的结果。

```
$ wasm-objdump -d ch03_eg2_var.wasm
...
000025 func[0]:
 000026: 23 00                       | global.get 0
 000028: 24 01                       | global.set 1
 00002a: 20 00                       | local.get 0
 00002c: 21 01                       | local.set 1
 00002e: 0b                          | end
```

3.2.3　内存指令

内存指令共 25 条，其中 14 条是加载指令，用于将内存数据载入操作数栈，还有 9 条是存储指令，用于将操作数栈顶数据写回内存，这 23 条指令统一带有两个立即数：对齐提示和内存偏移量。剩余两条指令用于获取和扩展内存页数，立即数是内存索引。由于 Wasm 规范规定模块只能导入或定义一块内存，所以这个内存索引目前只起到占位作用，索引值必须为 0。第 6 章将详细介绍内存指令，下面给出内存指令的编码格式。

```
load_instr : opcode|align|offset # align: u32, offset: u32
store_instr: opcode|align|offset
memory.size: 0x3f|0x00
memory.grow: 0x40|0x00
```

我们来看一个具体的例子。

```
(module
  (memory 1 8)
  (data (offset (i32.const 100)) "hello")

  (func
    (i32.const 1) (i32.const 2)
    (i32.load offset=100)
    (i32.store offset=100)
    (memory.size) (drop)
    (i32.const 4) (memory.grow) (drop)
  )
)
```

编译 WAT 文件，然后用 xxd 命令观察二进制模块代码段。根据 i32.load 和 i32.store 指令的操作码（0x28 和 0x36）可以找到这两条指令。这两条指令的对齐

提示都是 2，全局变量索引都是 100（0x64）。后面是 memory.size 和 memory.grow
指令（操作码 0x3F 和 0x40，中间隔着 drop 和一条常量指令），内存索引值为 0。

```
$ wat2wasm code/wat/ch03_eg3_mem.wat
$ xxd -u -g 1 ch03_eg3_mem.wasm
00000000: 00 61 73 6D 01 00 00 00 01 04 01 60 00 00 03 02  .asm.......`....
00000010: 01 00 05 04 01 01 01 08 0A 16 01 14 00 41 01 41  .............A.A
00000020: 02 28 02 64 36 02 64 3F 00 1A 41 04 40 00 1A 0B  .(.d6.d?..A.@...
00000030: 0B 0C 01 00 41 E4 00 0B 05 68 65 6C 6C 6F        ....A....hello
```

下面是 wasm-objdump 命令打印出的结果。

```
$ wasm-objdump -d ch03_eg3_mem.wasm
...
00001c func[0]:
 00001d: 41 01                      | i32.const 1
 00001f: 41 02                      | i32.const 2
 000021: 28 02 64                   | i32.load 2 100
 000024: 36 02 64                   | i32.store 2 100
 000027: 3f 00                      | memory.size 0
 000029: 1a                         | drop
 00002a: 41 04                      | i32.const 4
 00002c: 40 00                      | memory.grow 0
 00002e: 1a                         | drop
 00002f: 0b                         | end
```

3.2.4 结构化控制指令

控制指令共 13 条，包括结构化控制指令、跳转指令、函数调用指令等。其中结构化
控制指令有 3 条，分别是 block（操作码 0x02）、loop（操作码 0x03）和 if（操作码
0x04）。这 3 条指令必须和 end 指令（操作码 0x0B）搭配，成对出现。如果 if 指令有
两条分支，则中间由 else 指令（操作码 0x05）分隔。由于 end 和 else 指令比较特
殊，只起分隔作用，所以也可以称为**伪指令**。第 8 章将详细介绍结构化控制指令，下面
给出这 3 条指令的编码格式。

```
block_instr: 0x02|block_type|instr*|0x0b
loop_instr : 0x03|block_type|instr*|0x0b
if_instr   : 0x04|block_type|instr*|(0x05|instr*)?|0x0b
block_type : s32
```

我们来看一个具体的例子。

```
(module
  (func (result i32)
    (block (result i32)
      (i32.const 1)
      (loop (result i32)
        (if (result i32) (i32.const 2)
          (then (i32.const 3))
          (else (i32.const 4))
        )
      )
      (drop)
    )
  )
)
```

编译 WAT 文件，然后用 xxd 命令观察二进制模块代码段。根据这几条指令的操作码，可以很容易地在代码段中找到它们的启始和结束。

```
$ wat2wasm code/wat/ch03_eg4_block.wat
$ xxd -u -g 1 ch03_eg4_block.wasm
00000000: 00 61 73 6D 01 00 00 00 01 05 01 60 00 01 7F 03   .asm.......`....
00000010: 02 01 00 0A 17 01 15 00 02 7F 41 01 03 7F 41 02   .........A...A.
00000020: 04 7F 41 03 05 41 04 0B 0B 1A 0B 0B               ..A..A......
```

用 wasm-objdump 命令可以观察得更清楚一些，下面是打印出的结果。

```
$ wasm-objdump -d ch03_eg4_block.wasm
...
000017 func[0]:
 000018: 02 7f                      | block i32
 00001a: 41 01                      |   i32.const 1
 00001c: 03 7f                      |   loop i32
 00001e: 41 02                      |     i32.const 2
 000020: 04 7f                      |     if i32
 000022: 41 03                      |       i32.const 3
 000024: 05                         |     else
 000025: 41 04                      |       i32.const 4
 000027: 0b                         |       end
 000028: 0b                         |     end
 000029: 1a                         |   drop
 00002a: 0b                         | end
 00002b: 0b                         | end
```

3.2.5 跳转指令

跳转指令共 4 条，其中 br 指令（操作码 0x0C）进行无条件跳转，立即数是目标标签索引；br_if 指令（操作码 0x0D）进行有条件跳转，立即数也是目标标签索引；br_table 指令（操作码 0x0E）进行查表跳转，立即数是目标标签索引表和默认标签索引。return 指令（操作码 0x0F）只是 br 指令的一种特殊形式，执行效果是直接跳出最外层循环并且导致整个函数返回，没有立即数。第 8 章将详细介绍跳转指令，下面给出这4 条指令的编码格式。

```
br_instr    : 0x0c|label_idx
br_if_instr : 0x0d|label_idx
br_table    : 0x0e|vec<label_idx>|label_idx
return_instr: 0x0f
```

来看一个具体的例子。

```
(module
  (func
    (block (block (block
      (br 1)
      (br_if 2 (i32.const 100))
      (br_table 0 1 2 3)
      (return)
    )))
  )
)
```

编译 WAT 文件，然后用 xxd 命令观察二进制模块代码段。根据操作码不难找出这 4条跳转指令。

```
$ wat2wasm code/wat/ch03_eg5_br.wat
$ xxd -u -g 1 ch03_eg5_br.wasm
00000000: 00 61 73 6D 01 00 00 00 01 04 01 60 00 00 03 02  .asm.......`....
00000010: 01 00 0A 1B 01 19 00 02 40 02 40 02 40 0C 01 41  ........@.@.@..A
00000020: E4 00 0D 02 0E 03 00 01 02 03 0F 0B 0B 0B        ..............
```

下面是 wasm-objdump 命令打印出的结果。

```
$ wasm-objdump -d ch03_eg5_br.wasm
...
000016 func[0]:
```

```
000017: 02 40                          |  block
000019: 02 40                          |    block
00001b: 02 40                          |      block
00001d: 0c 01                          |        br 1
00001f: 41 e4 00                       |        i32.const 100
000022: 0d 02                          |        br_if 2
000024: 0e 03 00 01 02 03              |        br_table 0 1 2 3
00002a: 0f                             |        return
00002b: 0b                             |      end
00002c: 0b                             |    end
00002d: 0b                             |  end
00002e: 0b                             |  end
```

3.2.6 函数调用指令

Wasm 支持直接和间接两种函数调用方式。call 指令（操作码 0x10）进行直接函数调用，函数索引由立即数指定。call_indirect 指令（操作码 0x11）进行间接函数调用，函数签名的索引由立即数指定，到运行时才能知道具体调用哪个函数。第 7 章将详细介绍直接函数调用指令，第 9 章将详细介绍间接函数调用指令，下面给出这两条指令的编码格式。

```
call_instr   : 0x10|func_idx
call_indirect: 0x11|type_idx|0x00
```

间接函数调用指令需要查表才能完成，由第 2 个立即数指定查哪张表。我们已经知道，模块最多只能导入或定义一张表，所以这个立即数只起占位作用，必须是 0。下面来看一个具体的例子。

```
(module
  (type $ft1 (func))
  (type $ft2 (func))
  (table funcref (elem $f1 $f1 $f1))
  (func $f1
    (call $f1)
    (call_indirect (type $ft2) (i32.const 2))
  )
)
```

编译 WAT 文件，然后用 xxd 命令观察二进制模块代码段。根据操作码，不难找出这两条函数调用指令。

```
$ wat2wasm code/wat/ch03_eg6_call.wat
$ xxd -u -g 1 ch03_eg6_call.wasm
00000000: 00 61 73 6D 01 00 00 00 01 07 02 60 00 00 60 00   .asm.......`..`.
00000010: 00 03 02 01 00 04 05 01 70 01 03 03 09 09 01 00   ........p.......
00000020: 41 00 0B 03 00 00 00 0A 0B 01 09 00 10 00 41 02   A............A.
00000030: 11 01 00 0B                                        ....
```

下面是 wasm-objdump 命令打印出的结果。

```
$ wasm-objdump -d ch03_eg6_call.wasm
...
00002b func[0]:
 00002c: 10 00                      | call 0
 00002e: 41 02                      | i32.const 2
 000030: 11 01 00                   | call_indirect 1 0
 000033: 0b                         | end
```

3.3　指令解码

在第 2 章我们实现的二进制模块解码器还缺少一个最重要的部分：指令和表达式解码逻辑。具体来说，全局项的初始值表达式、元素和数据项的偏移量表达式、代码项的字节码还没有处理。下面是这 4 项以及表达式的编码格式。

```
global: global_type|init_expr
elem  : table_idx|offset_expr|vec<func_idx>
data  : mem_idx|offset_expr|vec<byte>
code  : byte_count|vec<locals>|expr
expr  : instr*|0x0b
```

这一节我们为解码器补上指令解码逻辑。以代码项为例，下面是改动之后的解码方法（省略了错误处理代码）。

```
func (reader *wasmReader) readCode(idx int) Code {
    return Code{
        Locals: reader.readLocalsVec(),
        Expr:   reader.readExpr(), // 新增代码
    }
}
```

由于全局项、元素项和数据项中的表达式更为简单（详见第 11 章），所以原来的代码不需要大改，只要把 readExpr() 方法重新实现就可以了。下面是重新定义后的 Expr

类型，以及调整后的 readExpr() 方法。

```
type Expr = []Instruction

func (reader *WasmReader) readExpr() Expr {
    instrs, end := reader.readInstructions()
    if end != End_ {
        panic(fmt.Errorf("invalid expr end: %d", end))
    }
    return instrs
}
```

上面代码的重点是确保表达式以 end 指令结尾，真正的解码工作由 readInstructions() 方法完成。该方法读取并收集指令，直到遇到 else 或者 end 指令，代码如下所示。

```
func (reader *wasmReader) readInstructions() (instrs []Instruction, end byte) {
    for {
        instr := reader.readInstruction()
        if instr.Opcode == Else_ || instr.Opcode == End_ {
            end = instr.Opcode
            return
        }
        instrs = append(instrs, instr)
    }
}
```

单条指令的解码逻辑很简单，先读取操作码，然后根据操作码读取立即数，代码如下所示。

```
func (reader *wasmReader) readInstruction() (instr Instruction) {
    instr.Opcode = reader.readByte()
    instr.Args = reader.readArgs(instr.Opcode)
    return
}
```

立即数解码逻辑是一个大 switch-case 语句，部分代码如下所示（完整代码在 binary/reader.go 文件）。

```
func (reader *WasmReader) readArgs(opcode byte) interface{} {
    switch opcode {
    case Block:              return reader.readBlockArgs()
    case Loop:               return reader.readBlockArgs()
    case If:                 return reader.readIfArgs()
```

```
case Br, BrIf:         return reader.readVarU32()
case BrTable:          return reader.readBrTableArgs()
case Call:             return reader.readVarU32()
case CallIndirect:     return reader.readCallIndirectArgs()
case LocalGet|Set|Tee: return reader.readVarU32()
case GlobalGet|Set:    return reader.readVarU32()
case MemorySize|Grow:  return reader.readZero()
case I32Const:         return reader.readVarS32()
case I64Const:         return reader.readVarS64()
case F32Const:         return reader.readF32()
case F64Const:         return reader.readF64()
case TruncSat:         return reader.readByte()
case I32Load|...:      return reader.readMemArg()
default:               return nil
}
}
```

立即数解码方法比较简单，这里我们以 if 指令的立即数解码方法为例，下面是
readIfArgs() 方法代码。

```
func (reader *wasmReader) readIfArgs() (args IfArgs) {
    var end byte
    args.BT = reader.readBlockType()
    args.Instrs1, end = reader.readInstructions()
    if end == Else_ {
        args.Instrs2, end = reader.readInstructions()
        if end != End_ {
            panic(fmt.Errorf("invalid block end: %d", end))
        }
    }
    return
}
```

注意看 readIfArgs() 和 readInstructions() 方法是如何相互递归调用的。
块类型解码方法也比较简单，直接解码 LEB128 有符号数（并进行检查）即可，代码如下
所示。

```
const (
    BlockTypeI32   BlockType = -1  // ()->(i32)
    BlockTypeI64   BlockType = -2  // ()->(i64)
    BlockTypeF32   BlockType = -3  // ()->(f32)
    BlockTypeF64   BlockType = -4  // ()->(f64)
    BlockTypeEmpty BlockType = -64 // ()->()
```

```
    )

func (reader *wasmReader) readBlockType() int32 {
    bt := reader.readVarS32()
    if bt < 0 {
        switch bt {
        case BlockTypeI32, BlockTypeI64, BlockTypeF32, BlockTypeF64,
            BlockTypeEmpty:
        default:
            panic(fmt.Errorf("malformed block type: %d", bt))
        }
    }
    return bt
}
```

为了便于使用，我们给 Module 结构体添加一个方法，把块类型转换成相应的函数类型，代码如下所示。

```
func (module Module) GetBlockType(bt BlockType) FuncType {
    switch bt {
    case BlockTypeI32:   return FuncType{ResultTypes: []ValType{ValTypeI32}}
    case BlockTypeI64:   return FuncType{ResultTypes: []ValType{ValTypeI64}}
    case BlockTypeF32:   return FuncType{ResultTypes: []ValType{ValTypeF32}}
    case BlockTypeF64:   return FuncType{ResultTypes: []ValType{ValTypeF64}}
    case BlockTypeEmpty: return FuncType{}
    default:             return module.TypeSec[bt]
    }
}
```

3.4 完善 dump 命令

有了指令结构体定义和解码逻辑，我们可以给第 2 章编写的 dump 半成品增加指令打印逻辑了。这部分内容比较简单，读者可以试着自己实现，或者直接从 dumper.go 文件里找到新增代码，下面是新版 dump 命令的执行结果。

```
$ cd code/go/ch03/wasm.go/
$ wat2wasm ../../../wat/ch03_block.wat
$ go run wasm.go/cmd/wasmgo -d ch03_block.wasm
...
Code[1]:
  func[0]: locals=[]
    block ()->(i32)
```

```
    i32.const 1
    loop
      i32.const 2
      if
        i32.const 3
      else
        i32.const 4
      end
    end
  end
...
```

3.5　本章小结

　　Wasm 采用了栈式虚拟机和字节码，Java、Python、Ruby 等很多编程语言也采用这两项技术。经过第 2 章和第 3 章的介绍，我们已经对 Wasm 二进制格式和指令集有了较深入的理解。为了分析指令的二进制编码格式，这一章提供了很多 WAT 例子，读者可能没有完全理解，不过不用担心，下一章将详细讨论 Wasm 文本格式（WAT 语法），从另一个角度来了解 Wasm 模块。

第4章 文本格式

Wasm 二进制格式是专门给机器（编译器、Wasm 实现、各种工具）设计的，对人类不太友好。但是很多时候，开发者也需要理解 Wasm 模块。比如想通过查看源代码的方式查看浏览器下载的 Wasm 模块，或者想写一些小例子来学习和测试 Wasm。考虑到这些因素，Wasm 规范定义了模块的文本格式（WebAssembly Text Format，简称 WAT）。

如果把二进制格式理解为"机器语言"，那么文本格式就相当于"汇编语言"。为了表述方便，我们有时也称 Wasm 文本格式为 WAT 语言。第 3 章已经展示了一些 WAT 示例代码，这一章我们将详细讨论 Wasm 文本格式，从另外一个角度了解 Wasm 模块。

4.1 基本结构

Wasm 文本格式使用 S- 表达式描述模块。这种表达式源自 Lisp 语言，使用了大量圆括号，特别适合描述类似抽象语法树（Abstract Syntax Tree，简称 AST）的树形结构。下面是 Wasm 文本格式的整体结构。

```
(module
  (type   ... ) ;; 详见 4.1.1 小节
  (import ... ) ;; 详见 4.1.2 小节
```

```
(func    ... ) ;; 详见 4.1.3 小节
(table   ... ) ;; 详见 4.1.4 小节
(memory ... ) ;; 详见 4.1.5 小节
(global ... ) ;; 详见 4.1.6 小节
(export ... ) ;; 详见 4.1.2 小节
(start   ... ) ;; 详见 4.1.7 小节
(elem    ... ) ;; 详见 4.1.4 小节
(data    ... ) ;; 详见 4.1.5 小节
)
```

从整体上看 Wasm 文本格式和二进制格式基本是一致的。除了表现形式明显不同以外，在结构上，两种格式还有几个较大的不同之处。

1）二进制格式是以段（Section）为单位组织数据的，文本格式则是以域（Field，为了和编程语言中的字段进行区别，本书将其称为域）为单位组织内容。域相当于二进制段中的项目，但不一定要连续出现，WAT 编译器会把同类型的域收集起来，合并成二进制段。

2）在二进制格式中，除了自定义段以外，其他段必须按照 ID 递增的顺序排列，文本格式中的域则没有这么严格的限制。不过，导入域必须出现在函数域、表域、内存域和全局域之前。

3）文本格式中的域和二进制格式中的段基本是一一对应的，但是有两种情况例外。第一种是文本格式没有单独的代码域，只有函数域。WAT 编译器会将函数域收集起来，分别生成函数段和代码段。第二种是文本格式没有自定义域，没办法描述自定义段（已经有提案建议增强 WAT 语法，支持表达自定义数据，详见第 14 章）。

4）为了便于编写，文本格式提供了多种内联写法。例如：函数域、表域、内存域、全局域可以内联导入或导出域，表域可以内联元素域，内存域可以内联数据域，函数域和导入域可以内联类型域。这些内联写法只是"语法糖"，WAT 编译器会做妥善处理。

接下来我们仔细看看各个域的写法。

4.1.1　类型域

类型域用于定义函数类型，下面这个例子定义了一个接收两个 i32 类型参数、返回一个 i32 类型结果的函数类型。

```
(module
  (type (func (param i32) (param i32) (result i32)))
)
```

圆括号是 WAT 语言主要的**分隔符**（Separator），`module`、`type`、`func`、`param`、`result` 等是 WAT 语言的**关键字**（keyword，以小写字母开头）。由于 WAT 语言较为简单，大部分语法规则都可以通过示例代码理解，因此本章没有给出形式化的词法和语法规则。喜欢通过词法和语法规则学习语言的读者可以参考 Wasm 规范第 6 章或者查看本书附录 C。

我们可以给函数类型分配一个**标识符**（Identifier，以 `$` 符开头），换句话说，就是给它起一个**名字**，这样就可以在其他地方通过调用名字来引用函数类型，不必直接使用索引。另外，多个参数可以简写在同一个 `param` 块里，多个返回值可以简写在同一个 `result` 块里。下面的例子展示了标识符以及参数和返回值的简写形式。

```
(module
  (type $ft1 (func (param i32 i32) (result i32)))
  (type $ft2 (func (param f64) (result f64 f64)))
)
```

4.1.2 导入和导出域

Wasm 模块可以导入或者导出函数、表、内存和全局变量这 4 种类型的元素。因此，导入和导出域也支持这 4 种类型，下面的例子展示了导入域的写法。

```
(module
  (type $ft1 (func (param i32 i32) (result i32)))
  (import "env" "f1" (func    $f1 (type $ft1)))
  (import "env" "t1" (table   $t 1 8 funcref))
  (import "env" "m1" (memory  $m 4 16))
  (import "env" "g1" (global  $g1 i32))          ;; immutable
  (import "env" "g2" (global  $g2 (mut i32)))  (;; mutable ;;)
)
```

可以看到，在导入域中，需要指明模块名、导入元素名，以及导入元素的具体类型。模块名和元素名用**字符串**指定，以双引号分隔。和类型域一样，导入域也可以附带一个标识符，这样就可以在后面通过名字引用被导入的元素。顺便说明一下，WAT 支持两种类型的注释。单行注释以 `;;` 开始，直到行尾。跨行注释以 `(;;` 开始，以 `;;)` 结束。

在上面的例子中，类型域是单独出现的，并在导入函数中通过名字（也可以通过索引）引用。当多个导入函数有相同的类型时，这种写法可以避免代码重复出现。为了方便，如果某个函数类型只被使用一次，也可以把它内联进导入域中，如下所示。

```
(module
  (import "env" "f1"
    (func $f1
      (param i32 i32) (result i32) ;; inline function type
    )
  )
)
```

相比导入域，导出域的写法要简单一些，因为导出域只须指定导出名和元素索引。当然，更好的做法是通过标识符引用元素，实际索引交给 WAT 编译器去计算。导出名在整个模块内必须是唯一的，这点一定要注意。下面的例子展示了导出域的写法。

```
(module
  ;; ...
  (export "f1" (func   $f1))
  (export "f2" (func   $f2))
  (export "t1" (table  $t ))
  (export "m1" (memory $m ))
  (export "g1" (global $g1))
  (export "g2" (global $g2))
)
```

导入域和导出域可以内联在函数、表、内存、全局域中，下面的例子展示了导入域的内联写法。

```
(module
  (type $ft1 (func (param i32 i32) (result i32)))
  (func   $f1 (import "env" "f1") (type $ft1))
  (table  $t1 (import "env" "t" ) 1 8 funcref)
  (memory $m1 (import "env" "m" ) 4 16)
  (global $g1 (import "env" "g1") i32)
  (global $g2 (import "env" "g2") (mut i32))
)
```

下例展示了导出域的内联写法（4.1.3 节 ~ 4.1.6 节会介绍函数域、表域、内存域和全局域的完整写法）。

```
(module
  (func   $f (export "f1") ... )
  (table  $t (export "t" ) ... )
  (memory $m (export "m" ) ... )
  (global $g (export "g1") ... )
)
```

4.1.3　函数域

函数域定义函数的类型和局部变量，并给出函数的指令。WAT 编译器会把函数域拆开，把类型索引放在函数段中，把局部变量信息和字节码放在代码段中。下面的例子展示了函数域的写法（指令的写法将在 4.2 节中详细介绍）。

```
(module
  (type $ft1 (func (param i32 i32) (result i32)))
  (func $add (type $ft1)
    (local i64 i64)

    (i64.add (local.get 2) (local.get 3)) (drop)
    (i32.add (local.get 0) (local.get 1))
  )
)
```

函数的参数本质上也是局部变量，同函数域里定义的局部变量一起构成了函数的局部变量空间，索引从 0 开始递增，这一点在第 7 章还会详细介绍。

上面给出的是函数域的精简写法，通过调用函数名字引用函数类型，并且使用了参数和局部变量的简写方式。实际上我们可以把函数类型内联进函数域，并把 param 块拆成多个参数，这样就可以给参数起名字。同样，也可以把 local 块拆成多个变量，这样就可以给局部变量起名字。给参数和局部变量起了名字，就可以在变量指令中通过名字而非索引定位参数或局部变量，这样有助于提高代码的可读性。我们把上面的例子改写一下，内联类型定义，并给参数和局部变量分配标识符，代码如下所示。

```
(module
  (func $add (param $a i32) (param $b i32) (result i32)
    (local $c i64) (local $d i64)

    (i64.add (local.get $c) (local.get $d)) (drop)
    (i32.add (local.get $a) (local.get $b))
  )
)
```

4.1.4　表域和元素域

我们已经知道，模块最多只能导入或者定义一张表，所以表域最多只能出现一次，但元素域可以出现多次。表域需要描述表的类型，包括限制和元素类型（目前只能是

funcref)。元素域可以指定若干个函数索引，以及第一个索引的表内偏移量。第 2 章简单介绍了表段和元素段，第 9 章讨论间接函数调用指令时还会做进一步介绍。下面的例子展示了表域和元素域的写法。

```
(module
  (func $f1) (func $f2) (func $f3)
  (table 10 20 funcref)
  (elem (offset (i32.const 5)) $f1 $f2 $f3)
)
```

表和内存偏移量以及全局变量的初始值是通过常量指令指定的，后面不再赘述。表域中也可以内联一个元素域，但使用这种方式无法指定表的限制（只能由编译器根据内联元素进行推测），也无法指定元素的表内偏移量（只能从 0 开始）。下面的例子展示了元素域的内联写法。

```
(module
  (func $f1) (func $f2) (func $f3)
  (table funcref        ;; min=3, max=3
    (elem $f1 $f2 $f3) ;; inline elem, offset=0
  )
)
```

4.1.5　内存域和数据域

和表相似，模块最多只能导入或定义一块内存，所以内存域最多也只能出现一次，数据域则可以出现多次。内存域需要描述内存的类型（即页数上下限），数据域需要指定内存的偏移量和初始数据。第 2 章简单介绍了内存和数据段，第 6 章讨论内存指令时还会做进一步介绍。下面的例子展示了内存和数据域的写法。

```
(module
  (memory 4 16)
  (data (offset (i32.const 100)) "Hello, ")
  (data (offset (i32.const 108)) "World!\n")
)
```

可以看到，内存初始数据是以字符串形式指定的。除了普通的字符，还可以使用转义序列在字符串中嵌入回车换行等特殊符号、十六进制编码的任意字节，以及 Unicode 代码点。具体内容请参考 Wasm 规范 6.3.3 节⊖或者本书附录 C。

⊖　参考链接：https://webassembly.github.io/spec/core/text/values.html#strings。

和表域相似，内存域中也可以内联一个数据域，但是使用这种方式无法指定内存的页数（只能由编译器根据内联数据进行推测），也无法指定内存的偏移量（只能从 0 开始）。另外，数据域中的数据还可以写成多个字符串。下面的例子展示了数据域的内联写法。

```
(module
  (memory                         ;; min=1, max=1
    (data "Hello, " "World!\n") ;; inline data, offset=0
  )
)
```

4.1.6　全局域

全局域定义全局变量，需要描述全局变量的类型和可变性，并给定初始值。和其他元素一样，全局域也可以指定标识符，这样就可以在变量指令中使用全局变量的名字而非索引。我们将在第 7 章详细讨论全局变量，下面的例子展示了全局域的写法。

```
(module
  (global $g1 (mut i32) (i32.const 100)) ;; mutable
  (global $g2 (mut i32) (i32.const 200)) ;; mutable
  (global $g3 f32 (f32.const 3.14))       ;; immutable
  (global $g4 f64 (f64.const 2.71))       ;; immutable
  (func
    (global.get $g1) (global.set $g2)
  )
)
```

4.1.7　起始域

起始域的写法最为简单，只须指定一个起始函数名或索引。下面的例子展示了起始域的写法。

```
(module
  (func $main ... )
  (start $main)
)
```

到这里，Wasm 文本格式的基本结构就介绍完毕了。下一节我们深入函数内部，看看各种指令的具体写法。

4.2　指令

在 Wasm 文本格式里，指令有两种写法：普通形式和折叠形式。指令的普通形式和其二进制编码格式基本一致，非常容易理解；折叠形式则完全是语法糖，更方便人类编写，但是 WAT 编译器会把它们全部展开。

4.2.1　普通形式

指令的普通形式写法非常直接，对于大部分指令来说，就是操作码后跟立即数。下面的例子展示了除控制指令外其他指令的一般写法。

```
(module
  (memory 1 2)
  (global $g1 (mut i32) (i32.const 0))
  (func $f1)
  (func $f2 (param $a i32)
    i32.const 123
    i32.load offset=100 align=4
    i32.const 456
    i32.store offset=200
    global.get $g1
    local.get $a
    i32.add
    call $f1
    drop
  )
)
```

可以看到，大部分指令的立即数（如果有的话）都是不能省略的，必须以数值或者名字的形式跟在操作码后面。内存读写系列指令是个例外，offset 和 align 这两个立即数都是可选的，而且需要显式指定（名称和数值用等号分开）。

结构化控制指令（block、loop 和 if）可以指定可选的参数和结果类型，必须以 end 结尾。if 指令还可以用 else 分割成两条分支。下面的例子展示了 block、loop、if、br 和 br_if 等控制指令的一般写法。

```
(module
  (func $foo
    block $l1 (result i32)
      i32.const 123
```

```
      br $l1
      loop $l2
        i32.const 123
        br_if $l2
      end
    end
    drop
  )
  (func $max (param $a i32) (param $b i32) (result i32)
    local.get $a
    local.get $b
    i32.gt_s
    if (result i32)
      local.get $a
    else
      local.get $b
    end
  )
)
```

和第 3 章一样，这一章的 WAT 例子也只是为了展示 Wasm 文本格式，并没有实际含义。本章暂不讨论 br_table 指令，其写法和 br 指令差不多，第 8 章详细介绍这条指令时会给出具体的例子。

4.2.2 折叠形式

指令的普通形式较难理解写起来略为烦琐，使用折叠形式可以缓解这个情况。我们可以对普通指令做三步调整，把它变为折叠形式：第一步，用圆括号把指令包起来；第二步，如果是结构化控制指令，把 end 去掉。if 指令要稍微麻烦一些，具体请看下面的例子；第三步（这一步是可选的），如果某条指令（无论是普通还是折叠形式）和它前面的几条指令从逻辑上可以看成一组操作，则把前几条指令折叠进该指令。比如 local.get $a、local.get $b、i32.add 这 3 条指令，逻辑上是一组操作，也就是进行加法计算。那么可以把这 3 条指令折叠起来，写成 (i32.add (local.get $a) (local.get $b))。

折叠指令实际上是把指令从扁平结构变成了树形结构，WAT 编译器会按照后续遍历（从左到右访问子树，最后访问树根）的方式展开折叠指令。我们按照上面的 3 个步骤改写前面的例子，改写后的代码应该是下面这样（注意 if 指令）。

```
(module
  (func $foo
    (block $l1 (result i32)
      (i32.const 123)
      (br $l1)
      (loop $l2
        (br_if $l2 (i32.const 123))
      )
    )
    (drop)
  )
  (func $max (param $a i32) (param $b i32) (result i32)
    (if (result i32)
      (i32.gt_s (local.get $a) (local.get $b))
      (then (local.get $a))
      (else (local.get $b))
    )
  )
)
```

可以看到，经过改写后，代码的可读性的确提高了不少。为了能更好地理解指令的折叠形式，我们展开一层 max() 函数的 if 指令，把 i32.gt_s 指令提出来，改写成下面的等价形式。

```
(module
  (func $max (param $a i32) (param $b i32) (result i32)
    (i32.gt_s (local.get $a) (local.get $b))
    (if $l (result i32)
      (then (local.get $a))
      (else (local.get $b))
    )
  )
)
```

我们再继续展开 i32.gt_s 指令，把 local.get 指令提出来，改写成下面的等价形式。

```
(module
  (func $max (param $a i32) (param $b i32) (result i32)
    (local.get $a) (local.get $b) (i32.gt_s)
    (if $l (result i32)
      (then (local.get $a))
      (else (local.get $b))
```

```
        )
    )
)
```

到这里，指令的两种写法都介绍完毕了。对于本书的大部分 WAT 例子来说，使用折叠形式的指令更好看也更节约空间。另外，指令的折叠形式和 WAT 其他结构的写法也更加一致。基于这两点原因，本书中出现的 WAT 例子将主要采用折叠形式的指令。

4.3　本章小结

二进制格式是 Wasm 虚拟机的"机器语言"，文本格式则是 Wasm 虚拟机的"汇编语言"。在这一章，我们详细讨论了 Wasm 文本格式，从不同角度了解了 Wasm 模块。本章展示的 WAT 代码大部分都可以直接编译，读者可以把示例保存到文件中，然后使用 wat2wasm 命令进行编译。至此，我们用 3 章的篇幅讨论 Wasm 模块的结构和格式。从下一章开始，我们将把重点转移到 Wasm 虚拟机，看看模块究竟是如何被执行的。

第三部分 *Part 3*

虚拟机和解释器

第5章 操作数栈

Wasm 程序的执行环境是一台栈式虚拟机，绝大多数 Wasm 指令都要借助操作数栈来工作：从上面弹出若干数值，对数值进行计算，然后再把计算结果压栈。这台虚拟机还可以附加一块内存，鉴于操作数栈只能存放临时数据，生命力更强的数据则可以放在内存里。此外，这台虚拟机还可以操作表和全局变量。从这一章开始，我们将讨论如何实现这样一台虚拟机，并深入了解 Wasm 原理和内部细节。

在第 3 章，我们已经初步讨论了栈式虚拟机和 Wasm 指令集。在这一章，我们首先实现操作数栈，然后实现虚拟机框架，最后探讨并实现全部参数和数值指令。在后面的章节中，我们再讨论如何实现内存、全局变量和表，以及相关指令。这一章及后面几章的重点是介绍 Wasm 指令的语义，第 12 章将专门介绍如何将高级语言编译为这些指令。

5.1 操作数栈

我们知道，对于计算机来说，一切信息终究只是 0 和 1 组成的序列。如果把数据的单位放大一些，那么一切信息都只是字节序列而已。一串 0 和 1 代表的含义，取决于我们如何解释它。例如二进制序列 10101001，我们可以认为它是一个无符号整数，表示 169（或者 0xA9）；也可以认为它是一个有符号整数，表示 -87；还可以认为它是一个

ASCII 字符，表示 ◎。当我们说一个数是整数或者浮点数时，并不是说它所对应的字节序列有什么特别之处，只是因为我们知道它表示一个整数或者符点数，并且要通过某种方式告诉计算机这一点。

如前文所述，Wasm 使用栈式虚拟机，带有一个操作数栈。这里所说的栈就是严格意义上的栈：只能弹出或压入元素，不能随意（比如按索引）访问其他元素。大部分 Wasm 指令都要用到这个操作数栈。以加法指令为例，需要从栈顶弹出两个数，进行加法计算，然后把结果压栈。

那么问题来了，操作数栈里存放的到底是哪种类型的数值呢？这取决于指令。Wasm 是类型安全系统，每一条指令都知道自己要从栈顶弹出几个操作数，先后是哪种类型，以及往回压入几个数，先后是哪种类型。换句话说，操作数本身无所谓是什么类型，它的含义具体由指令赋予。以 i32.add 指令为例，需要先从栈顶弹出两个 i32 类型的操作数，再把一个 i32 类型的计算结果压栈。基于这条简单的规则，函数的整个指令序列都可以得到严格验证，我们将在第 11 章展开讨论这一点。

Wasm 只支持 4 种基本类型：32 位整数（i32）、64 位整数（i64）、32 位浮点数（f32）、64 位浮点数（f64）。之所以这么说，是因为 Wasm 指令只支持这 4 种数值。其中整数用 2 的补码表示，浮点数采用 IEEE 754-2019 规范。总之，不管是哪种类型，都不超过 64 比特。我们可以用 Go 语言内置的 uint64 类型来表示一个操作数栈槽位，这样就足以放下这 4 种数值了。下面是操作数栈的结构体定义（在 code/go/ch05/wasm.go/interpreter/vmstackoperand.go 文件里）。

```
type operandStack struct {
    slots []uint64
}
```

由于切片类型可以动态增长，所以我们不需要预先分配空间。用 Go 语言内置的切片操作可以很方便地实现栈的核心方法（压入和弹出），代码如下。

```
func (s *operandStack) pushU64(val uint64) {
    s.slots = append(s.slots, val)
}
func (s *operandStack) popU64() uint64 {
    val := s.slots[len(s.slots)-1]
    s.slots = s.slots[:len(s.slots)-1]
    return val
}
```

　　为了便于使用，我们再给操作数栈定义一些针对其他类型数值的压入/弹出方法。只要调用上面这两个方法，再进行类型转换，即可实现新增加的方法，下面是精简之后的代码。

```
func (s ...) pushS64(val int64)    { s.pushU64(uint64(val)) }
func (s ...) pushU32(val uint32)   { s.pushU64(uint64(val)) }
func (s ...) pushS32(val int32)    { s.pushU32(uint32(val)) }
func (s ...) pushF64(val float64)  { s.pushU64(math.Float64bits(val)) }
func (s ...) pushF32(val float32)  { s.pushU32(math.Float32bits(val)) }
func (s ...) pushBool(val bool)    { s.pushU64(val ? 1 : 0) } // 伪代码
func (s ...) popS64() int64    { return int64(s.popU64())  }
func (s ...) popU32() uint32   { return uint32(s.popU64()) }
func (s ...) popS32() int32    { return int32(s.popU32())  }
func (s ...) popF64() float64  { return math.Float64frombits(s.popU64()) }
func (s ...) popF32() float32  { return math.Float32frombits(s.popU32()) }
func (s ...) popBool() bool    { return s.popU64() != 0 }
```

　　请注意我们是如何进行类型转换的，尤其是如何将整数**重新解释**为浮点数的（反之亦然）。上面代码的格式经过调整，省略了方法的接收器参数，并使用了少量伪代码（Go 不支持三目运算符 ?:，需要换成 if-else 语句或者表达式）。在后文中，我们也会采用类似的方式精简代码，只保留关键逻辑。

5.2　虚拟机

　　有了操作数栈，下一步就是实现虚拟机了。万丈高楼平地起，在本章，我们要实现的虚拟机只有一个组件：操作数栈。这样的虚拟机的能力自然就非常有限：只能操纵操作数栈。不过即使这样，它也能执行大部分 Wasm 指令。在后面的章节中，我们会逐渐给它添加更多组件，让它变得越来越强大。下面是虚拟机的结构体定义（在 interpreter/vm.go 文件里）。

```
type vm struct {
    operandStack
    module binary.Module
}
```

　　请注意我们使用了匿名字段存放操作数栈，这样做有两个好处：第一，从视觉上看，好像是在虚拟机结构体中"嵌入"了操作数栈，这正是我们想传达的含义；第二，这种方式使得我们可以直接在 vm 结构体上调用 operandStack 结构体里定义的方法，代码写起来非常方便。

总之，通过匿名字段，Go 语言可以使用结构体组合，在一定程度上模仿传统面向对象语言中的类继承机制。另外，为了便于获取模块信息，我们通过 module 字段保存了解码后的模块。

5.2.1 指令循环

对于一台计算机（不管是真实的还是虚拟的），说到底它只做一件事情：不停地执行指令。我们的 Wasm 虚拟机也应该是这样的，下面的伪代码展示了虚拟机最核心的逻辑。

```
loop 还有更多指令需要执行 {
    取出一条指令
    执行这条指令
}
```

至于当前指令来自何处、如何执行、下一条指令是什么，以及整个循环何时结束，这些都属于细节，需要花较长的篇幅才能全部讨论清楚，这一小节我们不妨先实现一个简化版本，后面再逐渐完善。我们给 vm 结构体定义一个 execCode() 方法，让它一条一条执行函数指令，代码如下所示。

```
func (vm *vm) execCode(idx int) {
    code := vm.module.CodeSec[idx]
    for _, instr := range code.Expr {
        vm.execInstr(instr) // 见下一小节
    }
}
```

给定一个 Wasm 函数索引（暂不考虑导入的外部函数），上面这个方法就会逐条执行该函数的指令。这显然不是一个很智能的循环逻辑，但对于本章涉及的知识来说已经足够了。下面我们来看一下指令分派逻辑。

5.2.2 指令分派

由第 3 章可知，Wasm 指令本身包含两部分信息：操作码和立即数（即指令的静态参数）。当执行到某条指令时，操作数栈（上面有指令的动态参数）应该也已经准备就绪，剩下的问题就是如何执行指令。对于解释器来说，通常有两种方式执行指令。一种是用一个长长的 switch-case 语句分派指令执行逻辑；另一种是用查表的方式分派指令执行逻辑。这两种执行方式各有利弊，这里就不展开讨论了。如果采用第一种方式，代码格式如下所示。

```
func (vm *vm) execInstr(instr binary.Instruction) {
    switch instr.Opcode {
        case Unreachable: ...
        case Nop:        ...
        case Block:      ...
        ...
    }
}
```

本书将采用第二种方式，也就是查表法执行指令。为此，我们需要先定义指令执行函数类型和指令表。指令执行函数接收两个参数，虚拟机指针和指令立即数，无返回值。指令表用切片类型就可以了，索引是指令操作码，值是指令执行函数。有了指令表，指令分派逻辑简化为一行代码，如下所示。

```
type instrFn = func(vm *vm, args interface{})
var instrTable = make([]instrFn, 256)

func (vm *vm) execInstr(instr binary.Instruction) {
    instrTable[instr.Opcode](vm, instr.Args)
}
```

我们后面再介绍指令表的初始化逻辑。现在虚拟机准备好了，可以实现指令了。由第 3 章可知，Wasm 指令可以分为 5 类：控制指令、参数指令、变量指令、内存指令和数值指令。其中参数指令和数值指令的实现最简单，仅涉及操作数栈。这一章我们先讨论并实现这两类指令，第 6 章将介绍内存指令，第 7 章将介绍变量指令（以及函数调用指令），第 8 章将重点介绍控制指令，第 9 章将介绍间接函数调用指令。

5.3　参数指令

参数指令只有两条：drop 和 select。之所以能自成一类，是因为这两条指令对于栈顶操作数的类型要求比较宽松，其他指令都严格限制了栈顶操作数的类型。

5.3.1 drop 指令

drop 指令（操作码 0x1A）从栈顶弹出一个操作数并把它"扔掉"。drop 指令没有立即数，也不会检查操作数的类型。图 5-1 所示是 drop 指令的示意图。

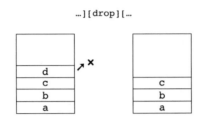

图 5-1 drop 指令示意图

在图 5-1 中，左侧是指令执行前操作数栈的状态，右侧是指令执行后操作数栈的状态。每个格子表示一个操作数，斜向上的箭头表示操作数弹出，斜向下的箭头表示操作数压入。栈的上面还画出了指令的格式，可以结合指令的立即数来观察操作数栈的变化。后面要介绍的指令也都会配有这样的示意图辅助说明。

结合图 5-1，可以给出 drop 指令的伪代码：pop()。由于指令的行为比较简单，所以实现起来并不难，代码如下所示。

```
func drop(vm *vm, _ interface{}) {
    vm.popU64()
}
```

为了便于理解，我们把指令的实现函数分别放在不同的源文件中，每类指令一个文件。比如参数指令的实现函数在 interpreter/instr_parametric.go 文件中，数值指令的实现函数在同目录下的 numeric.go 文件中，后文不再赘述。

5.3.2 select 指令

select 指令（操作码 0x1B）从栈顶弹出 3 个操作数，然后根据最先弹出的操作数从其他两个操作数中选择一个压栈。最先弹出的操作数必须是 i32 类型，其他 2 个操作数是相同类型的就可以。如果最先弹出的操作数不为 0，则把最后弹出的操作数压栈；如果为 0，则把中间的操作数压栈。select 指令也没有立即数，图 5-2 所示是它的示意图。

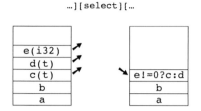

图 5-2　select 指令示意图

在图 5-2 中，操作数右侧的圆括号标注了类型。当需要强调指令操作数类型时，统一采用这样的表示方法。细心的读者可能已经发现了，select 指令实际上期望栈顶值是布尔类型。不过由于 Wasm 没有专门定义布尔类型，所以使用了 i32 类型：非零表示 true，零表示 false。还有一些指令也是类似情况，比如 if 和 br_if 指令（详见第 8 章），以及马上要介绍的测试和比较指令。为了便于描述，我们称这种整数值为布尔值。根据这些描述并结合图 5-2，可以给出 select 指令的伪代码。

```
e,d,c = pop(),pop(),pop(); push(e!=0?c:d)
```

select 指令实现起来也很简单，代码如下所示。由于 select 是 Go 语言关键字，所以我们给函数名添加了前缀（第 8 章要介绍的 if 和 return 指令也是类似情况）。对于其他指令，只要把助记符里的点号和下划线去掉，然后改成首字母小写的驼峰式，就可以得到对应的函数名。

```go
func _select(vm *vm, _ interface{}) {
    v3, v2, v1 := vm.popBool(), vm.popU64(), vm.popU64()
    if v3 {
        vm.pushU64(v1)
    } else {
        vm.pushU64(v2)
    }
}
```

5.4　数值指令

数值指令是 5 类参数指令中数量最多的一类，共 133 条指令。按操作数类型，数值指令可以大致分为 i32、i64、f32、f64。按照操作类型，数值指令又可以分为常量指令（共 4 条）、测试指令（共 2 条）、比较指令（共 32 条）、一元算术指令（共 20 条）、二元算术指令（共 44 条）和类型转换指令（共 31 条）。

5.4.1　常量指令

　　常量指令共 4 条，对应 4 种数值类型：i32.const（操作码 0x41）、i64.const（操作码 0x42）、f32.const（操作码 0x43）、f64.const（操作码 0x44）。常量指令带一个相应类型的立即数，效果是将立即数压栈。图 5-3 所示是以 i64.const 指令为例的常量指令示意图。

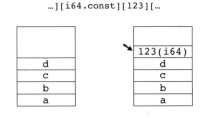

图 5-3　常量指令示意图

　　根据描述，可以给出常量指令的伪代码：push(arg)（这里的 arg 表示指令的立即数）。常量指令也很容易实现，如下所示。

```
func i32Const(vm *vm, args interface{}) { vm.pushS32(args.(int32))   }
func i64Const(vm *vm, args interface{}) { vm.pushS64(args.(int64))   }
func f32Const(vm *vm, args interface{}) { vm.pushF32(args.(float32)) }
func f64Const(vm *vm, args interface{}) { vm.pushF64(args.(float64)) }
```

5.4.2　测试指令

　　测试指令从栈顶弹出一个操作数，先"测试"它是否为 0，然后把测试结果（i32 类型的布尔值）压栈。测试指令只有 2 条，对应 2 种整数类型：i32.eqz（操作码 0x45）和 i64.eqz（操作码 0x50）。图 5-4 所示是以 i64.eqz 指令为例的测试指令示意图。

　　除常量指令外，其余的数值指令都没有立即数，后面不再赘述。结合图 5-4，可以给出测试指令的伪代码。

```
d = pop(); push(d==0?1:0)
```

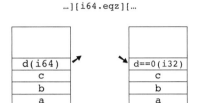

图 5-4 测试指令示意图

其实测试指令只是 5.4.3 节将介绍的比较指令的特殊情况。换句话说，测试指令是冗余的，完全可以用常量指令和比较指令代替。但是，考虑到判断一个数是否为 0 是一种相当常见的操作，使用测试指令可以节约一条常量指令，积少成多便可产生显著的效果。下面是测试指令的实现。

```
func i32Eqz(vm *vm, _ interface{}) { vm.pushBool(vm.popU32() == 0) }
func i64Eqz(vm *vm, _ interface{}) { vm.pushBool(vm.popU64() == 0) }
```

5.4.3 比较指令

比较指令从栈顶弹出 2 个同类型的操作数进行比较，然后把比较结果（i32 类型的布尔值）压栈。比较指令数量比较多，针对 2 种整数类型各有 10 条，针对 2 种浮点数类型各有 6 条，一共是 32 条。可以进行的比较包括**等于**（eq）、**不等于**（ne）、**小于**（It）、**大于**（gt）、**小于等于**（le）、**大于等于**（ge）。对于整数类型，有些比较操作还定义了两组指令：一组针对无符号整数，一组针对有符号整数，表 5-1 列出了全部 32 条比较指令。

表 5-1 比较指令表

比较	i32	i64	f32	f64
等于	i32.eq（0x46）	i64.eq（0x51）	f32.eq（0x5B）	f64.eq（0x61）
不等于	i32.ne（0x47）	i64.ne（0x52）	f32.ne（0x5C）	f64.ne（0x62）
小于	i32.It_s（0x48）	i64.It_u（0x54）	f32.It（0x5D）	f64.It（0x63）
	i32.It_u（0x49）	i64.It_s（0x53）		
大于	i32.gt_s（0x4A）	i64.gt_u（0x56）	f32.gt（0x5E）	f64.gt（0x64）
	i32.gt_u（0x4B）	i64.gt_s（0x55）		
小于等于	i32.le_s（0x4C）	i64.le_u（0x58）	f32.le（0x5F）	f64.le（0x65）
	i32.le_u（0x4D）	i64.le_s（0x57）		
大于等于	i32.ge_s（0x4E）	i64.ge_u（0x5A）	f32.ge（0x60）	f64.ge（0x66）
	i32.ge_u（0x4F）	i64.ge_s（0x59）		

抛开操作数类型和比较方式，比较指令的逻辑都是相似的。图 5-5 所示是以 i64.It_s 指令为例的比较指令示意图。

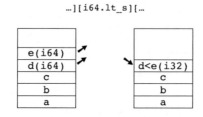

图 5-5　比较指令示意图

以小于比较为例，结合图 5-5，可以给出比较指令的伪代码。

```
e,d = pop(),pop(); push(d<e?1:0)
```

比较指令的实现代码也都是相似的。下面统一列出精简之后的 i32 整数比较指令的实现代码（将代码中的 "32" 全部替换成 "64" 即可得到 i64 整数比较指令的实现代码）。

```
func i32Eq (vm...) { v2,v1 := vm.popU32(),vm.popU32(); vm.pushBool(v1 == v2) }
func i32Ne (vm...) { v2,v1 := vm.popU32(),vm.popU32(); vm.pushBool(v1 != v2) }
func i32LtS(vm...) { v2,v1 := vm.popS32(),vm.popS32(); vm.pushBool(v1 <  v2) }
func i32LtU(vm...) { v2,v1 := vm.popU32(),vm.popU32(); vm.pushBool(v1 <  v2) }
func i32GtS(vm...) { v2,v1 := vm.popS32(),vm.popS32(); vm.pushBool(v1 >  v2) }
func i32GtU(vm...) { v2,v1 := vm.popU32(),vm.popU32(); vm.pushBool(v1 >  v2) }
func i32LeS(vm...) { v2,v1 := vm.popS32(),vm.popS32(); vm.pushBool(v1 <= v2) }
func i32LeU(vm...) { v2,v1 := vm.popU32(),vm.popU32(); vm.pushBool(v1 <= v2) }
func i32GeS(vm...) { v2,v1 := vm.popS32(),vm.popS32(); vm.pushBool(v1 >= v2) }
func i32GeU(vm...) { v2,v1 := vm.popU32(),vm.popU32(); vm.pushBool(v1 >= v2) }
```

下面列出精简之后的 f32 浮点数比较指令的实现代码（将代码中的 "32" 全部替换成 "64" 即可得到 f64 浮点数比较指令的实现代码）。

```
func f32Eq(vm...) { v2,v1 := vm.popF32(),vm.popF32(); vm.pushBool(v1 == v2) }
func f32Ne(vm...) { v2,v1 := vm.popF32(),vm.popF32(); vm.pushBool(v1 != v2) }
func f32Lt(vm...) { v2,v1 := vm.popF32(),vm.popF32(); vm.pushBool(v1 <  v2) }
func f32Gt(vm...) { v2,v1 := vm.popF32(),vm.popF32(); vm.pushBool(v1 >  v2) }
func f32Le(vm...) { v2,v1 := vm.popF32(),vm.popF32(); vm.pushBool(v1 <= v2) }
func f32Ge(vm...) { v2,v1 := vm.popF32(),vm.popF32(); vm.pushBool(v1 >= v2) }
```

5.4.4　一元算术指令

一元算术指令从栈顶弹出一个操作数进行计算，然后将同类型的结果压栈。整数一元算术指令共 6 条，i32 和 i64 整数类型各 3 条。这些指令用于统计整数的前导 0 比特数、后置 0 比特数、1 比特数。以 i32 整数为例，假设栈顶操作数为 0x0000F0F0，则其前导 0 比特数是 16，后置 0 比特数是 4，1 比特数是 8。表 5-2 列出了这 6 条一元算术指令（clz 表示 Count Leading Zeros，ctz 表示 Count Trailing Zeros，popcnt 表示 Population Count）。

表 5-2　整数一元算术指令表

运算	i3	i64
统计前置 0 比特数	i32.clz（0x67）	i64.clz（0x79）
统计后置 0 比特数	i32.ctz（0x68）	i64.ctz（0x7A）
统计 1 比特数	i32.popcnt（0x69）	i64.popcnt（0x7B）

浮点数一元算术指令共 14 条，i32 和 i64 浮点数类型各 7 条。这些指令用于计算浮点数的绝对值、取反、各种方式的取整，以及求平方根，如表 5-3 所示。

表 5-3　浮点数一元算术指令表

运算	f32	f64
绝对值	f32.abs（0x8B）	f64.abs（0x99）
取反	f32.neg（0x8C）	f64.neg（0x9A）
向上取整	f32.ceil（0x8D）	f64.ceil（0x9B）
向下取整	f32.floor（0x8E）	f64.floor（0x9C）
截断取整	f32.trunc（0x8F）	f64.trunc（0x9D）
就近取整	f32.nearest（0x90）	f64.nearest（0x9E）
平方根	f32.sqrt（0x91）	f64.sqrt（0x9F）

抛开操作数的类型和计算，一元算术指令的逻辑都是相似的。以 f32.neg 指令为例，如图 5-6 所示。

以"取反"为例，结合图 5-6，可以给出一元算术指令的伪代码。

```
d = pop(); push(-d)
```

一元算术指令的实现代码也都是类似的。这些指令中，只有浮点数取反可以直接映射成 Go 语言运算符，其他指令都需要借助 Go 语言标准库，下面统一列出精简之后的整数一元运算指令的实现代码。

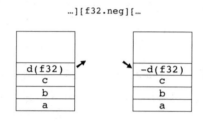

图 5-6 一元算术指令示意图

```
func i32Clz    (vm...) { vm.pushU32(uint32(bits.LeadingZeros32(vm.popU32())))  }
func i32Ctz    (vm...) { vm.pushU32(uint32(bits.TrailingZeros32(vm.popU32()))) }
func i32PopCnt (vm...) { vm.pushU32(uint32(bits.OnesCount32(vm.popU32())))     }
func i64Clz    (vm...) { vm.pushU64(uint64(bits.LeadingZeros64(vm.popU64())))  }
func i64Ctz    (vm...) { vm.pushU64(uint64(bits.TrailingZeros64(vm.popU64()))) }
func i64PopCnt (vm...) { vm.pushU64(uint64(bits.OnesCount64(vm.popU64())))     }
```

下面列出精简之后的 f64 浮点数一元算术指令的实现代码（f32 浮点数一元算术指令实现与之类似，具体请参考随书源代码）。

```
func f64Abs     (vm...) vm.pushF64(math.Abs(vm.popF64()))         }
func f64Neg     (vm...) vm.pushF64(-vm.popF64())                  }
func f64Ceil    (vm...) vm.pushF64(math.Ceil(vm.popF64()))        }
func f64Floor   (vm...) vm.pushF64(math.Floor(vm.popF64()))       }
func f64Trunc   (vm...) vm.pushF64(math.Trunc(vm.popF64()))       }
func f64Nearest (vm...) vm.pushF64(math.RoundToEven(vm.popF64())) }
func f64Sqrt    (vm...) vm.pushF64(math.Sqrt(vm.popF64()))        }
```

5.4.5　二元算术指令

二元算术指令从栈顶弹出 2 个相同类型的操作数进行计算，然后将同类型结果压栈。整数二元算术指令共 30 条，每种整数类型各 15 条。这些指令可实现加、减、乘、除等常见算术运算，以及各种按位运算，如表 5-4 所示。

浮点数二元算术指令共 14 条，每种浮点数类型各 7 条。这些指令可实现加、减、乘、除，以及求最大值和最小值等运算，如表 5-5 所示。

表 5-4 整数二元算术指令表

运算	i32	i64
加	i32.add（0x6A）	i64.add（0x7C）
减	i32.sub（0x6B）	i64.sub（0x7D）
乘	i32.mul（0x6C）	i64.mul（0x7E）
除	i32.div_s（0x6D）	i64.div_s（0x7F）
	i32.div_u（0x6E）	i64.div_u（0x80）
求余	i32.rem_s（0x6F）	i64.rem_s（0x81）
	i32.rem_u（0x70）	i64.rem_u（0x82）
按位与	i32.and（0x71）	i64.and（0x83）
按位或	i32.or（0x72）	i64.or（0x84）
按位异或	i32.xor（0x73）	i64.xor（0x85）
左移	i32.shl（0x74）	i64.shl（0x86）
右移	i32.shr_s（0x75）	i64.shr_s（0x87）
	i32.shr_u（0x76）	i64.shr_u（0x88）
旋转	i32.rotl（0x77）	i64.rotl（0x89）
	i32.rotr（0x78）	i64.rotr（0x8A）

表 5-5 浮点数二元算术指令表

运算	f32	f64
加	f32.add（0x92）	f64.add（0xA0）
减	f32.sub（0x93）	f64.sub（0xA1）
乘	f32.mul（0x94）	f64.mul（0xA2）
除	f32.div（0x95）	f64.div（0xA3）
取最小值	f32.min（0x96）	f64.min（0xA4）
取最大值	f32.max（0x97）	f64.max（0xA5）
拷贝符号位	f32.copysign（0x98）	f64.copysign（0xA6）

　　抛开操作数的类型和计算，二元算术指令的逻辑也都是相似的。以 `f32.sub` 指令为例，如图 5-7 所示。

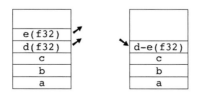

图 5-7 二元算术指令示意图

以"减法"为例,结合图 5-7,可以给出二元算术指令的伪代码。

```
e,d = pop(),pop(); push(d - e)
```

除了按位旋转指令,其他整数二元算术指令都可以直接映射成 Go 语言运算符。按位旋转指令需要借助 Go 语言标准库实现,以 i64 类型为例,代码如下所示。

```
func i64Rotl(vm *vm, _ interface{}) {
    v2, v1 := vm.popU64(), vm.popU64()
    vm.pushU64(bits.RotateLeft64(v1, int(v2)))
}
func i64Rotr(vm *vm, _ interface{}) {
    v2, v1 := vm.popU64(), vm.popU64()
    vm.pushU64(bits.RotateLeft64(v1, -int(v2)))
}
```

请注意位移操作要对第二个操作数求余,保证移动的位数不超过整数的比特数。下面列出精简之后其他 i64 整数二元算术指令的实现代码(将代码中的"64"全部替换成"32"即可得到对应的 i32 整数二元算术指令的实现代码)。

```
func i64Sub (...) { v2,v1 := vm.popU64(),vm.popU64(); vm.pushU64(v1 - v2)     }
func i64Mul (...) { v2,v1 := vm.popU64(),vm.popU64(); vm.pushU64(v1 * v2)     }
func i64DivS(...) { v2,v1 := vm.popS64(),vm.popS64(); vm.pushS64(v1 / v2)     }
func i64DivU(...) { v2,v1 := vm.popU64(),vm.popU64(); vm.pushU64(v1 / v2)     }
func i64RemS(...) { v2,v1 := vm.popS64(),vm.popS64(); vm.pushS64(v1 % v2)     }
func i64RemU(...) { v2,v1 := vm.popU64(),vm.popU64(); vm.pushU64(v1 % v2)     }
func i64And (...) { v2,v1 := vm.popU64(),vm.popU64(); vm.pushU64(v1 & v2)     }
func i64Or  (...) { v2,v1 := vm.popU64(),vm.popU64(); vm.pushU64(v1 | v2)     }
func i64Xor (...) { v2,v1 := vm.popU64(),vm.popU64(); vm.pushU64(v1 ^ v2)     }
func i64Shl (...) { v2,v1 := vm.popU64(),vm.popU64(); vm.pushU64(v1<<(v2%64)) }
func i64ShrS(...) { v2,v1 := vm.popU64(),vm.popS64(); vm.pushS64(v1>>(v2%64)) }
func i64ShrU(...) { v2,v1 := vm.popU64(),vm.popU64(); vm.pushU64(v1>>(v2%64)) }
```

浮点数二元算术指令也不难实现。加、减、乘、除可以直接映射成 Go 语言运算符,其余则可以用 Go 语言标准库实现。下面列出精简之后的 f64 浮点数二元算术指令的实现代码(f32 浮点数二元算术指令实现与之类似,具体请参考随书源代码)。

```
// v2, v1 := vm.popF64(), vm.popF64()
func f64Add     (vm...) { v2,v1 := ...; vm.pushF64(v1 + v2)          }
func f64Sub     (vm...) { v2,v1 := ...; vm.pushF64(v1 - v2)          }
func f64Mul     (vm...) { v2,v1 := ...; vm.pushF64(v1 * v2)          }
func f64Div     (vm...) { v2,v1 := ...; vm.pushF64(v1 / v2)          }
```

```
func f64Min    (vm...) { v2,v1 := ...; vm.pushF64(math.Min(v1, v2))      }
func f64Max    (vm...) { v2,v1 := ...; vm.pushF64(math.Max(v1, v2))      }
func f64CopySign(vm...) { v2,v1 := ...; vm.pushF64(math.Copysign(v1, v2)) }
```

以上介绍的二元算术指令大部分都很常见，这里补充两点：第一，copysign 指令将 v1 的绝对值和 v2 的符号相结合，举个例子，Copysign(1.5, -2.0) 的结果是 -1.5；第二，整数 div 指令有可能导致除零错误。上面给出的实现省略了错误处理逻辑，完整实现请参考随书源代码。第 11 章将统一介绍指令执行时可能出现的各种异常。

5.4.6　类型转换指令

类型转换指令从栈顶弹出一个操作数进行类型转换，然后把结果压栈。按照转换方式，可以把类型转换指令进一步分为 6 小类。

1. 整数截断（wrap）

把 64 位整数截断为 32 位，只有 1 条指令。

2. 整数拉升（extend）

把 32 位整数拉升为 64 位，共 2 条指令（i64.extend_i32_s/u），对应 2 种符号类型；或者对小整数（char、short、int）进行符号扩展，共 5 条指令（i32/64.extend8/16/32_s，由符号扩展提案⊖建议增加）。

3. 浮点数截断（trunc）

把浮点数截断为整数，共 9 条指令。其中 1 条是饱和截断指令（由饱和截断提案⊜建议增加），比较特殊，这一小节的最后会详细介绍。

4. 整数转换（convert）

把整数转换为浮点数，共 8 条指令。

⊖　参考链接：https://github.com/WebAssembly/sign-extension-ops。

⊜　参考链接：https://github.com/WebAssembly/nontrapping-float-to-int-conversions。

5. 浮点数精度调整（demote、promote）

共 2 条指令，对应 2 种精度调整方向。

6. 比特位重新解释（reinterpret）

不改变操作数比特位，仅重新解释类型，共 4 条指令。

表 5-6 以矩阵的形式列出了除饱和截断指令之外的全部类型转换指令。

表 5-6　类型转换指令矩阵

转换前＼转换后	i32	i64	f32	f64
i32	i32.extend8_s i32.extend16_s —	i64.extend_i32_s i64.extend_i32_u —	f32.convert_i32_s f32.convert_i32_u f32.reinterpret_i32	f64.convert_i32_s f64.convert_i32_u —
i64	i32.wrap_i64 —	i64.extend8_s i64.extend16_s i64.extend32_s	f32.convert_i64_s f32.convert_i64_u —	f64.convert_i64_s f64.convert_i64_u f64.reinterpret_i64
f32	i32.trunc_f32_s i32.trunc_f32_u i32.reinterpret_f32	i64.trunc_f32_s i64.trunc_f32_u —	— 	f64.promote_f32 —
f64	i32.trunc_f64_s i32.trunc_f64_u —	i64.trunc_f64_s i64.trunc_f64_u i64.reinterpret_f64	f32.demote_i64_s —	—

类型转换指令的逻辑也都是相似的，以 i32.wrap_i64 指令为例，如图 5-8 所示。

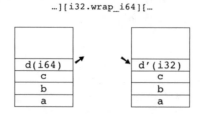

图 5-8　转换指令示意图

结合图 5-8，可以给出类型转换指令的伪代码。

```
d = pop(); push(cast(d))
```

除了浮点数截断指令和比特位重解释指令，其他类型转换指令都可以直接映射成 Go 语言强制类型转换操作，下面统一列出这些指令的实现代码（已精简）。

```
func i32WrapI64    (vm...) { vm.pushU32( uint32(vm.popU64()))        } // 0xA7
func i64ExtendI32S (vm...) { vm.pushS64(  int64(vm.popS32()))        } // 0xAC
func i64ExtendI32U (vm...) { vm.pushU64( uint64(vm.popU32()))        } // 0xAD
func f32ConvertI32S(vm...) { vm.pushF32(float32(vm.popS32()))       } // 0xB2
func f32ConvertI32U(vm...) { vm.pushF32(float32(vm.popU32()))       } // 0xB3
func f32ConvertI64S(vm...) { vm.pushF32(float32(vm.popS64()))       } // 0xB4
func f32ConvertI64U(vm...) { vm.pushF32(float32(vm.popU64()))       } // 0xB5
func f32DemoteF64  (vm...) { vm.pushF32(float32(vm.popF64()))       } // 0xB6
func f64ConvertI32S(vm...) { vm.pushF64(float64(vm.popS32()))       } // 0xB7
func f64ConvertI32U(vm...) { vm.pushF64(float64(vm.popU32()))       } // 0xB8
func f64ConvertI64S(vm...) { vm.pushF64(float64(vm.popS64()))       } // 0xB9
func f64ConvertI64U(vm...) { vm.pushF64(float64(vm.popU64()))       } // 0xBA
func f64PromoteF32 (vm...) { vm.pushF64(float64(vm.popF32()))       } // 0xBB
func i32Extend8S   (vm...) { vm.pushS32(int32(  int8(vm.popS32()))) } // 0xC0
func i32Extend16S  (vm...) { vm.pushS32(int32(int16(vm.popS32()))) } // 0xC1
func i64Extend8S   (vm...) { vm.pushS64(int64(  int8(vm.popS64()))) } // 0xC2
func i64Extend16S  (vm...) { vm.pushS64(int64(int16(vm.popS64()))) } // 0xC3
func i64Extend32S  (vm...) { vm.pushS64(int64(int32(vm.popS64()))) } // 0xC4
```

比特位重解释指令并不改变操作数本身，只重新解释它的类型，因此无须做任何操作，下面是这 4 条指令的实现代码。

```
func i32ReinterpretF32(vm *vm, _ interface{}) {} // 0xBC
func i64ReinterpretF64(vm *vm, _ interface{}) {} // 0xBD
func f32ReinterpretI32(vm *vm, _ interface{}) {} // 0xBE
func f64ReinterpretI64(vm *vm, _ interface{}) {} // 0xBF
```

下面我们来讨论浮点数截断指令。我们已经知道，Wasm 支持的 4 种基本类型都是固定长度的：i32 和 f32 类型长 4 字节、i64 和 f64 类型长 8 字节。很显然，定长的数据只能表达有限的数值。因此对 2 个某种类型的数进行计算，其结果有可能会超出该类型的表达范围，也就是我们所熟知的溢出，包括上溢（Overflow）和下溢（Underflow）。

对于溢出，通常有 3 种处理方式。第一种是**环绕**（Wrapping），整数运算通常采用这种方式。以 u32 类型为例，0xFFFFFFFD 和 0x04 相加导致溢出，结果为 0x01。第二种是**饱和**（Saturation），浮点数运算通常采用这种方式，超出范围的值会被表示为正或负"无穷"（±Inf）。第三种是**异常**，例如整数除 0 通常会产生异常。

由于截断指令需要将浮点数截断为整数，所以可能会出现溢出，或者无法转换（比如 NaN）的情况。当遇到这些情况时，截断指令将产生异常。其实借助 Go 语言标准库，截断指令也不难实现。但是由于要考虑异常情况，所以处理起来稍微有一些复杂。这里我们先忽略这些异常，第 11 章会详细介绍指令执行过程中可能出现的各种异常情况及其解决方案。省略掉异常处理逻辑之后，浮点数截断指令可以分别用一行代码实现，下面列出关键的实现代码。

```
vm.pushS32(int32(math.Trunc(float64(vm.popF32()))))      // i32TruncF32S(); 0xA8
vm.pushU32(uint32(math.Trunc(float64(vm.popF32()))))     // i32TruncF32U(); 0xA9
vm.pushS32(int32(math.Trunc(vm.popF64())))               // i32TruncF64S(); 0xAA
vm.pushU32(uint32(math.Trunc(vm.popF64())))              // i32TruncF64U(); 0xAB
vm.pushS64(int64(math.Trunc(float64(vm.popF32()))))      // i64TruncF32S(); 0xAE
vm.pushU64(uint64(math.Trunc(float64(vm.popF32()))))     // i64TruncF32U(); 0xAF
vm.pushS64(int64(math.Trunc(vm.popF64())))               // i64TruncF64S(); 0xB0
vm.pushU64(uint64(math.Trunc(vm.popF64())))              // i64TruncF64U(); 0xB1
```

为了避免异常情况，有提案建议增加 8 条饱和截断指令。目前，该提案已经被 Wasm 规范正式接受。新增的 8 条饱和截断指令和上面列出的 8 条非饱和指令是一一对应的，只是对于异常情况做了特殊处理，比如将 NaN 转换为 0，将正 / 负无穷转换为整数最大 / 小值。需要注意的是，这 8 条指令是通过一个特殊的操作码前缀 0xFC 引入的。

- ❏ i32.trunc_sat_f32_s，操作码 0xFC 0x00
- ❏ i32.trunc_sat_f32_u，操作码 0xFC 0x01
- ❏ i32.trunc_sat_f64_s，操作码 0xFC 0x02
- ❏ i32.trunc_sat_f64_u，操作码 0xFC 0x03
- ❏ i64.trunc_sat_f32_s，操作码 0xFC 0x04
- ❏ i64.trunc_sat_f32_u，操作码 0xFC 0x05
- ❏ i64.trunc_sat_f64_s，操作码 0xFC 0x06
- ❏ i64.trunc_sat_f64_u，操作码 0xFC 0x07

操作码前缀 0xFC 未来可能还会用来增加其他指令，为了保持统一，我们仍然把 0xFC 当作一个普通的操作码，把跟在它后面的字节当作它的立即数。经过这样的简化处理，就可以认为只有一条饱和截断指令了。本书不再展开讨论饱和截断指令，具体细节请读者参考 Wasm 规范或者本书源代码。

类型转换指令可能不如其他数值指令容易理解，不过为了控制篇幅，这里没办法给出每一条指令的详细解释。我准备了两个 WAT 文件（详见 5.5 节）用于测试本章的代码，读者可以通过这两个文件进一步了解参数和数值指令的作用。此外，本书第 12 章还介绍了 Rust 语言是如何被编译为各种指令的，读者也可以结合第 12 章的内容加深理解。

5.5　本章效果

至此，参数和数值指令都已经实现。现在可以补上指令表的初始化逻辑了（整个初始化函数比较长，这里只截取了部分代码）。

```
func init() {
    instrTable = make([]instrFn, 256)
    instrTable[binary.Call] = call // hack!
    instrTable[binary.Drop] = drop
    instrTable[binary.Select] = _select
    instrTable[binary.I32Const] = i32Const
    instrTable[binary.I64Const] = i64Const
    instrTable[binary.F32Const] = f32Const
    instrTable[binary.F64Const] = f64Const
    ... // 其他代码省略，节约篇幅
}
```

注意指令表里有一个陌生的 call 指令。我们要到第 7 章才正式讨论函数调用，到第 9 章才会讨论外部函数调用。不过为了测试本章代码，需要先写一个临时的实现。下面是 call 指令的临时实现代码。

```
func call(vm *vm, args interface{}) {
    idx := args.(uint32)
    switch vm.module.ImportSec[idx].Name {
    case "assert_true":  assertEq(vm.popBool(), true)
    case "assert_false": assertEq(vm.popBool(), false)
    case "assert_eq_i32": assertEq(vm.popU32(), vm.popU32())
    case "assert_eq_i64": assertEq(vm.popU64(), vm.popU64())
    case "assert_eq_f32": assertEq(vm.popF32(), vm.popF32())
    case "assert_eq_f64": assertEq(vm.popF64(), vm.popF64())
    }
}

func assertEq(a, b interface{}) {
    if a != b {
        panic(fmt.Errorf("%v != %v", a, b))
    }
}
```

　　具体实现细节我们不用考虑，只需要知道这个临时实现只能调用 6 个特殊的外部断言函数。最后，我们修改一下主函数，让它可以执行 Wasm 模块的起始函数，改动如下所示。

```
func main() {
    ... // 其他代码不变
    if *dumpFlag {
        dump(module)
    } else {
        interpreter.ExecMainFunc(module) // 新增代码
    }
}
```

　　ExecMainFunc() 函数在 vm.go 文件里，它创建 vm 结构体实例，然后调用 execCode() 方法执行主函数指令，代码如下所示。

```
func ExecMainFunc(module binary.Module) {
    idx := int(*module.StartSec) - len(module.ImportSec)
    vm := &vm{module: module}
    vm.execCode(idx)
}
```

　　我准备了两个 WAT 测试文件，其中 code/wat/ch05param.wat 文件用来测试参数指令，同一目录下的 ch05num.wat 文件用来测试数值指令。由于数值指令较多，测试程序很长，这里只给出参数指令的测试程序，代码如下所示。

```
(module
  (import "env" "assert_eq_i32" (func $assert_eq_i32 (param i32 i32)))
  (start $main)
  (func $main (export "main")
    (call $assert_eq_i32
      (i32.const 123)
      (select (i32.const 123) (i32.const 456) (i32.const 1))
    )
    (call $assert_eq_i32
      (i32.const 456)
      (select (i32.const 123) (i32.const 456) (i32.const 0))
    )
    (call $assert_eq_i32
      (i32.const 123)
      (drop (i32.const 123) (i32.const 456))
    )
  )
)
```

编译并测试 ch05_param.wat 文件，如果没有任何异常输出就表明代码运行无误。

```
$ cd code/go/ch05/wasm.go/
$ wat2wasm ../../../wat/ch05_param.wat
$ go run wasm.go/cmd/wasmgo ch05_param.wasm
```

5.6　本章小结

和 Java、Python、Ruby 等语言用到底层虚拟机一样，Wasm 也用到了栈式虚拟机和字节码。Wasm 操作数栈是类型安全的，指令严格按照规定的数量和类型从上面取出和放回操作数。注意，操作数栈可能只在概念上存在，而对于本书主要讨论的解释器来说，操作数栈是实际存在的，而但是对于采用 AOT/JIT 编译技术的实现来说，可能会把函数编译成使用寄存器指令的本地代码。

这一章，我们先实现了操作栈和虚拟机框架，然后实现了参数和数值指令。下一章，我们将讨论 Wasm 内存和相关指令。从解释器入手实现 Wasm 是较为容易的方式，但 Wasm 是为 AOT/JIT 而生，在第 13 章，我们将讨论 AOT 和 JIT 编译器。

第6章 内 存

操作数栈只适合计算少量数值，借助内存，就可以处理大量数据。在第5章，我们实现了操作数栈和虚拟机框架，详细讨论并实现了参数和数值指令。本章将简要介绍 Wasm 内存，然后给出一种内存实现方式，最后详细介绍并实现内存指令。

6.1 内存介绍

和真实的机器一样，Wasm 内存是一个**随机存取存储器**（Random Access Memory，简称 RAM）。从本质上讲，它就是一个线性的字节数组，可以按偏移量（也就是内存地址）读写任意字节。数值在 Wasm 内存中按小端方式存储。

我们已经知道，Wasm 操作数栈是类型安全的。每一条指令都按照规定的方式改变栈顶操作数，因此在任意时刻我们都知道操作数栈里有多少操作数，分别是何种类型。与操作数栈不同，Wasm 内存则完全是无类型的，没办法在编译器对它做任何类型检查。在运行时能做的检查也只是确保内存读写不会越界。

Wasm 内存可以在限制范围内动态增长。增长必须以页为单位，一页是 65536 个字节，也就是 64KB。由第2章可知，导入的内存在模块导入描述中给出了内存的页数限制，模块内定义的内存则是在内存段中给出了页数限制。此外，内存的总页数不能超过

65536。换句话说，一个 Wasm 模块能够使用的内存目前不能超过 4GB（已经有提案建议放开这个限制，详见第 14 章）。

为了便于使用，我们把内存页的大小和数量上限定义为常量（放在 binary/module.go 文件里），代码如下所示。

```
const (
    PageSize     = 65536 // 64KB
    MaxPageCount = 65536 // 2^16
)
```

6.2 内存实现

由于内存实际就是一个字节数组，自然可以用 Go 语言的字节切片类型来表示。下面是内存的结构体定义（在 interpreter/vm_memory.go 文件中）。

```
type memory struct {
    _type binary.MemType
    data  []byte
}
```

为了便于检查页数限制，我们把内存类型也存起来。如果内存的类型中指定了页数的下限，那么应该在创建内存时预先分配这个页数。我们把内存初始页的分配逻辑放在构造函数中，代码如下所示。

```
func newMemory(mt binary.MemType) *memory {
    return &memory{
        _type: mt,
        data:  make([]byte, mt.Min*binary.PageSize),
    }
}
```

Go 语言并不是真正意义上的面向对象语言，没有提供专门的构造函数。通常的做法是定义一个 new 或者 New 开头的名字，返回结构体实例或指针的普通函数。在模块的运行过程中，我们需要知道已分配的内存页数，并且在限制范围内能够增加页数。下面两个方法对这两个要求提供支持。

```
func (mem *memory) Size() uint32 {
    return uint32(len(mem.data) / binary.PageSize)
```

```
}
func (mem *memory) Grow(n uint32) uint32 {
    oldSize := mem.Size() // 需要检查页数，防止超出限制
    newData := make([]byte, (oldSize+n)*binary.PageSize)
    copy(newData, mem.data)
    mem.data = newData
    return oldSize
}
```

Size() 方法很好理解，Grow() 方法有两点需要说明：第一，该方法的参数是要增长的页数，返回值是增长之前的页数。这么设计是为了实现 memory.grow 指令，详见 6.3.2 节；第二，内存页数增长可能会失败（由于页数超出限制，或者内存不足），上面的代码省略了页数检查逻辑。

读写数据是内存最为重要的操作。为了支持各种内存读写指令（详见 6.3.3 节和 6.3.4 节），我们给内存结构体定义两个较为通用的读写方法，代码如下所示。

```
func (mem *memory) Read(offset uint64, buf []byte) {
    copy(buf, mem.data[offset:]) // 需要检查边界
}
func (mem *memory) Write(offset uint64, data []byte) {
    copy(mem.data[offset:], data) // 需要检查边界
}
```

这两个方法是对数据进行批量读写，足以支持各种内存读写指令。请注意，我们必须在这两个方法中进行内存边界检查。这里同样做了省略处理，读者可以在随书源代码中查看上面 4 个方法的完整内容。现在内存已经实现了，我们把它添加到虚拟机结构体，改动如下所示。

```
type vm struct {
    operandStack
    module binary.Module
    memory *memory // 新增字段
}
```

6.3　内存指令

内存指令一共有 25 条，按操作又可以分为 3 组。第一组是加载指令，共 14 条，从内存中读取数据，压入操作数栈。第二组是存储指令，共 9 条，从栈顶弹出数值，写入

内存。第三组是页数获取和增长指令，共 2 条，不读写内存，只获取或者增长内存页数。我们先来讨论逻辑较为简单的页数获取 / 增长指令，然后再讨论加载指令和存储指令。

6.3.1 size 和 grow 指令

memory.size 指令（操作码 0x3F）把内存的当前页数以 i32 类型压栈。这条指令带有一个单字节立即数，用来指代操作的内存。不过由于目前模块最多只能导入或者定义一块内存，所以这个立即数暂时只起到占位作用，必须是 0。图 6-1 所示是 memory.size 指令的示意图。

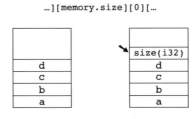

图 6-1 memory.size 指令示意图

memory.grow 指令（操作码 0x40）将内存增长若干页，顺便获取增长前的页数。执行时，该指令需要从栈顶弹出一个 i32 类型的数，代表要增长的页数。如果增长成功，指令把增长之前的页数以 i32 类型压栈。否则，把 -1 压栈。和 memory.size 指令一样，memory.grow 指令也带有一个单字节立即数，当前必须为 0。如图 6-2 所示是 memory.grow 指令的示意图。

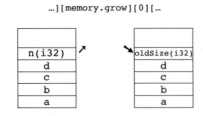

图 6-2 memory.grow 指令示意图

根据描述，可以给出 memory.size 和 memory.grow 指令的伪代码。

```
push(mem.size)                                        // memory.size
sz = mem.size; n = pop(); push(mem.grow(n)?sz:-1) // memory.grow
```

前面给内存结构体定义的 `Size()` 和 `Grow()` 方法就是专门为这两条指令准备的，下面是这两条指令的实现（在 interpreter/instr_memory.go 文件里）。

```
func memorySize(vm *vm, _ interface{}) {
    vm.pushU32(vm.memory.Size())
}

func memoryGrow(vm *vm, _ interface{}) {
    oldSize := vm.memory.Grow(vm.popU32())
    vm.pushU32(oldSize)
}
```

6.3.2　加载指令

加载指令从内存加载数据，转换为适当类型的值，再压入操作数栈。

Wasm 使用立即数 + 操作数的内存寻址方式。所有的加载和存储指令都带有两个立即数：对齐方式和内存偏移量。其中对齐方式存放的是以 2 为底，对齐字节数的对数。比如 0 表示一（2^0）字节对齐，1 表示两（2^1）字节对齐，2 表示四（2^2）字节对齐，等等。地址的对齐方式只起提示作用，目的是帮助 JIT/AOT 编译器生成更优化的机器代码，对实际执行结果没有任何影响，本书不展开讨论地址对齐。

加载和存储指令还需要从操作数栈上弹出一个 `i32` 类型的数，把它和立即数偏移量相加，即可得到实际内存地址。由于静态的立即数偏移量和动态的操作数偏移量都被解释为 32 位无符号整数，所以 Wasm 实际上拥有 33 比特的地址空间。Wasm 内存寻址方式可以表示为下面这个等式。

```
effective address = immediate offset + operand offset
```

Wasm 提供了 14 条加载指令，可以从内存中读取各种类型的数值。具体读取多少字节的数据（1、2、4、8），以及将数据解释为何种类型（32 位还是 64 位；无符号整数、有符号整数，还是浮点数），因指令而异，如表 6-1 所示。

加载指令的逻辑是相似的，以 `i64.load` 指令为例，如图 6-3 所示。

表 6-1 加载指令矩阵

读取字节 \ 压栈类型	i32	i64	f32	f64
8	—	i64.load	—	f64.load
4	i32.load	i64.load32_s	f32.load	—
		i64.load32_u		
2	i32.load16_s	i64.load16_s	—	—
	i32.load16_u	i64.load16_u		
1	i32.load8_s	i64.load8_s	—	—
	i32.load8_u	i64.load8_u		

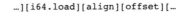

…][i64.load][align][offset][…

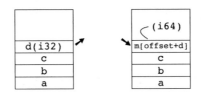

图 6-3　加载指令示意图

根据前面的描述并结合图 6-3，可以给出加载指令的伪代码（n 可以是 1、2、4、8）。

```
d = pop(); addr = arg.offset + d; push(mem[addr:addr+n])
```

为了简化加载指令的实现、减少重复代码，我们先定义 4 个辅助函数，代码如下所示。

```
var byteOrder = gobin.LittleEndian

func readU8(vm *vm, memArg interface{}) byte {
    var buf [1]byte
    offset := getOffset(vm, memArg)
    vm.memory.Read(offset, buf[:])
    return buf[0]
}
func readU16(vm *vm, memArg interface{}) uint16 {
    var buf [2]byte
    offset := getOffset(vm, memArg)
    vm.memory.Read(offset, buf[:])
    return byteOrder.Uint16(buf[:])
}
```

```
func readU32(vm *vm, memArg interface{}) uint32 { ... }
func readU64(vm *vm, memArg interface{}) uint64 { ... }
```

这 4 个函数分别从内存中读取 1、2、4、8 字节的无符号整数（由于代码都是相似的，这里省略了后两个函数的实现）。注意多字节数值在 Wasm 内存里是按小端方式存储的。我们把计算内存实际地址的逻辑封装在 getOffset() 函数里，下面是它的代码。

```
func getOffset(vm *vm, memArg interface{}) uint64 {
    offset := memArg.(binary.MemArg).Offset
    return uint64(vm.popU32()) + uint64(offset)
}
```

有了上面这些辅助函数，实现加载指令就比较简单了。以 i64.load 指令为例，代码如下所示。

```
func i64Load(vm *vm, memArg interface{}) {
    val := readU64(vm, memArg)
    vm.pushU64(val)
}
```

下面统一列出加载指令的核心逻辑。

```
val := readU32(vm, memArg); vm.pushU32(val)                // i32Load    ; 0x28
val := readU64(vm, memArg); vm.pushU64(val)                // i64Load    ; 0x29
val := readU32(vm, memArg); vm.pushU32(val)                // f32Load    ; 0x2A
val := readU64(vm, memArg); vm.pushU64(val)                // f64Load    ; 0x2B
val := readU8 (vm, memArg); vm.pushS32(int32(int8(val)))   // i32Load8S  ; 0x2C
val := readU8 (vm, memArg); vm.pushU32(uint32(val))        // i32Load8U  ; 0x2D
val := readU16(vm, memArg); vm.pushS32(int32(int16(val)))  // i32Load16S ; 0x2E
val := readU16(vm, memArg); vm.pushU32(uint32(val))        // i32Load16U ; 0x2F
val := readU8 (vm, memArg); vm.pushS64(int64(int8(val)))   // i64Load8S  ; 0x30
val := readU8 (vm, memArg); vm.pushU64(uint64(val))        // i64Load8U  ; 0x31
val := readU16(vm, memArg); vm.pushS64(int64(int16(val)))  // i64Load16S ; 0x32
val := readU16(vm, memArg); vm.pushU64(uint64(val))        // i64Load16U ; 0x33
val := readU32(vm, memArg); vm.pushS64(int64(int32(val)))  // i64Load32S ; 0x34
val := readU32(vm, memArg); vm.pushU64(uint64(val))        // i64Load32U ; 0x35
```

6.3.3　存储指令

存储指令将栈顶操作数弹出并"存储"进内存。Wasm 提供了 9 条存储指令，可以把各种类型的操作数（整体或部分）写入内存。具体弹出的是哪种类型的操作数，以及写入多少字节，因指令而异，如表 6-2 所示。

表 6-2 存储指令矩阵

写入字节 \ 操作数类型	i32	i64	f32	f64
8	—	i64.store	—	f64.store
4	i32.store	i64.store_32	f32.store	—
2	i32.store_16	i64.store_16	—	—
1	i32.store_8	i64.store_8		

存储指令的逻辑是相似的，以 i64.store 指令为例，如图 6-4 所示。

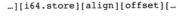

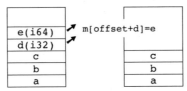

图 6-4 存储指令示意图

根据前面的描述并结合图 6-4，可以给出存储指令的伪代码。

```
e,d = pop(),pop(); addr = arg.offset + d; mem[addr:addr+n] = e
```

和加载指令一样，为了简化实现、减少重复代码，我们也先定义 4 个辅助函数，代码如下所示。

```
func writeU8(vm *vm, memArg interface{}, n byte) {
    var buf [1]byte
    buf[0] = n
    offset := getOffset(vm, memArg)
    vm.memory.Write(offset, buf[:])
}
func writeU16(vm *vm, memArg interface{}, n uint16) {
    var buf [2]byte
    byteOrder.PutUint16(buf[:], n)
    offset := getOffset(vm, memArg)
    vm.memory.Write(offset, buf[:])
}
func writeU32(vm *vm, memArg interface{}, n uint32) { ... }
func writeU64(vm *vm, memArg interface{}, n uint64) { ... }
```

这 4 个函数分别将 1、2、4、8 字节的无符号整数写入内存（省略了后两个函数的实现）。有了这些辅助函数，实现存储指令就比较简单了。以 i64.store 指令为例，代码如下所示。

```
func i64Store(vm *vm, memArg interface{}) {
    val := vm.popU64()
    writeU64(vm, memArg, val)
}
```

为了节约篇幅，下面统一列出存储指令的核心逻辑。

```
val := vm.popU32(); writeU32(vm, memArg, val)          // i32Store()  ; 0x36
val := vm.popU64(); writeU64(vm, memArg, val)          // i64Store()  ; 0x37
val := vm.popU32(); writeU32(vm, memArg, val)          // f32Store()  ; 0x38
val := vm.popU64(); writeU64(vm, memArg, val)          // f64Store()  ; 0x39
val := vm.popU32(); writeU8 (vm, memArg, byte(val))    // i32Store8()  ; 0x3A
val := vm.popU32(); writeU16(vm, memArg, uint16(val)) // i32Store16(); 0x3B
val := vm.popU64(); writeU8 (vm, memArg, byte(val))    // i64Store8()  ; 0x3C
val := vm.popU64(); writeU16(vm, memArg, uint16(val)) // i64Store16(); 0x3D
val := vm.popU64(); writeU32(vm, memArg, uint32(val)) // i64Store32(); 0x3E
```

至此，内存指令都已经实现，我们需要把这 25 个指令函数添加到指令表。这个改动比较简单，就不展示代码了。目前加载和存储指令只能处理基本类型的数值，无法处理大块内存，这在某些时候会成为性能瓶颈。已经有提案建议增加大块内存处理指令，第 14 章会详细介绍这个提案。

6.4　本章效果

本章涉及的代码大部分已经准备就绪，但是还有一个比较重要的部分没有处理，就是内存的初始化。我们知道，Wasm 模块可以导入或者定义一块内存，还有一个数据段专门用来存放内存初始化数据。这一章先不考虑内存的导入，等到第 10 章讨论模块链接时再说。现阶段我们只需要根据内存段的描述给虚拟机创建内存实例，然后再根据数据段把初始数据写进去。把这两项逻辑封装在虚拟机的 initMem() 方法里，代码如下所示。

```
func (vm *vm) initMem() {
    if len(vm.module.MemSec) > 0 {
        vm.memory = newMemory(vm.module.MemSec[0])
    }
```

```
    for _, data := range vm.module.DataSec {
        for _, instr := range data.Offset {
            vm.execInstr(instr)
        }
        vm.memory.Write(vm.popU64(), data.Init)
    }
}
```

如果模块定义了内存，就先调用 newMemory() 函数创建内存实例并分配必要的内存页。由于内存初始化数据的起始地址是用常量指令指定的，所以需要执行这些指令。指令执行完毕后，留在操作数栈顶的就是内存起始地址。把它弹出，然后将初始化数据写到这个地址就可以了。初始化方法准备好后，把它添加到 ExecMainFunc() 函数，代码改动如下所示。

```
func ExecMainFunc(module binary.Module) {
    idx := int(*module.StartSec) - len(module.ImportSec)
    vm := &vm{module: module}
    vm.initMem() // 新增代码
    vm.execCode(idx)
}
```

至此，我们的虚拟机就真正具备"记忆"功能了。和第 5 章一样，本章也准备了一个 WAT 测试程序，用来测试内存指令。这个文件（code/wat/ch06_mem.wat）较长，下面只给出部分代码。

```
(module
  (import "env" "assert_eq_i32" (func $assert_eq_i32 (param i32 i32)))
  (import "env" "assert_eq_i64" (func $assert_eq_i64 (param i64 i64)))
  (import "env" "assert_eq_f32" (func $assert_eq_f32 (param f32 f32)))
  (import "env" "assert_eq_f64" (func $assert_eq_f64 (param f64 f64)))
  (export "main" (func $main))
  (memory 1)
  (data 0 (offset (i32.const 100)) "hello")
  (start $main)
  (func $main
    (call $assert_eq_i32 (i32.load offset=99 (i32.const 1))
        (i32.const 0x6C6C_6568))
    (call $assert_eq_i32 (i32.load offset=98 (i32.const 2))
        (i32.const 0x6C6C_6568))

    (call $assert_eq_i32 (memory.size) (i32.const 1))
    (call $assert_eq_i32 (memory.grow (i32.const 1)) (i32.const 1))
```

```
    (call $assert_eq_i32 (memory.size) (i32.const 2))

    (i32.store offset=0 (i32.const  0) (i32.const 0x1234_5678))
    (i64.store offset=1 (i32.const  3) (i64.const 0x1234_5678_90AB_CDEF))
    (f32.store offset=2 (i32.const 10) (f32.const 1.5))
    (f64.store offset=3 (i32.const 13) (f64.const 2.5))
    (call $assert_eq_i32 (i32.load offset=0 (i32.const 0))
        (i32.const 0x1234_5678))
    (call $assert_eq_i64 (i64.load offset=2 (i32.const 2))
        (i64.const 0x1234_5678_90AB_CDEF))
    (call $assert_eq_f32 (f32.load offset=8 (i32.const 4))
        (f32.const 1.5))
    (call $assert_eq_f64 (f64.load offset=9 (i32.const 7))
        (f64.const 2.5))
    ... ;; 其他代码省略
  )
)
```

编译并测试该文件，如果没有任何异常，则代码运行无误。

```
$ cd code/go/ch06/wasm.go/
$ wat2wasm ../../../wat/ch06_mem.wat
$ go run wasm.go/cmd/wasmgo ch06_mem.wasm
```

6.5　本章小结

Wasm 内存是一块抽象的 RAM（本质上就是一个线性的字节数组），并且可以在限制范围内按页动态增长。Wasm 提供了丰富的内存指令，用于读写各种基本类型的数值，这些数值在 Wasm 内存中按小端方式存储。简而言之，Wasm 内存和真实内存非常接近，只具备最基本的读写功能，像内存管理、垃圾回收这样的高级功能都要靠高级语言解决。也正是因为贴近底层，Wasm 程序才能够以接近本地程序的速度执行。

本章我们讨论并实现了 Wasm 内存和相关指令（我们已经累计实现了 160 条指令，约占已定义指令总数的 90%，真是一个了不起的成就）。下一章，我们将讨论全局变量、局部变量和函数调用。

第 7 章　函数调用（上）

第 5 章介绍了操作数栈以及参数和数值指令，第 6 章介绍了内存和相关指令，现在我们的虚拟机已经能够顺利执行大部分指令了。控制指令大致可以分为函数调用指令、结构化控制指令、跳转指令、其他控制指令 4 种。从这一章开始，我们将用 3 章的篇幅进行详细介绍。

本章，我们首先讨论 Wasm 函数调用机制，然后讨论并实现直接函数调用指令。在第 8 章，我们将讨论结构化控制指令和跳转指令。在第 9 章，我们会讨论间接函数调用指令。由于局部变量指令和函数调用较为相关，因此在介绍完函数调用之后，我们会先讨论并实现局部变量指令。出于完整性考虑，在本章的最后我们还会讨论并实现全局变量指令。

7.1　函数调用介绍

说 Wasm 函数实际上是一个比较笼统的称呼，按照代码所在的位置，可以把 Wasm 函数分为内部函数和外部函数两种。内部函数完全在 Wasm 模块内定义，其字节码在代码段中。外部函数则从宿主环境或其他模块中导入，函数类型等信息由导入段指定。外部函数和内部函数按它们在 Wasm 文件中导入或定义的顺序依次排列，构成了模块的函数索引空间，这点我们在第 2 章已经讨论过了。

对于外部函数，按照实现方式又可以分为**普通函数**和**本地函数**两种。如果外部函数是从普通的 Wasm 模块导入的，那么它和内部函数没有本质区别，都是 Wasm 字节码。否则，外部函数就是用本地语言（Wasm 的实现语言，对于本书来说就是 Go 语言）实现的，我们称之为**本地函数**（Native Function）。

Wasm 提供了**直接**函数调用和**间接**函数调用两种函数调用方式。前一种方式通过指令立即数指定的函数索引直接调用函数，因此也可以称为**静态**函数调用。后一种方式要借助栈顶操作数和表间接调用函数，因此也可以称为**动态**函数调用。我们将在第 9 章讨论如何实现和调用本地函数，并且讨论表和间接函数调用；在第 10 章讨论模块链接和外部函数调用。在这一章，我们先把注意力集中在直接函数调用和内部函数上。为了便于描述，如无特别说明，后文中出现的"函数"指内部函数，"函数调用"指直接函数调用。

我们先从以下几个方面大致了解一下 Wasm 函数调用机制，等后面讨论函数调用指令时会展开介绍各种细节。

1. 参数和返回值

函数的参数由调用方准备。在调用函数之前，调用方应该将参数准备好。更准确地说，是把实际参数按顺序压栈（第一个参数在最下面）。函数调用完毕后，这些参数已经被弹出，取而代之的是函数的返回值（如果有的话）。Wasm 函数可以返回多个值，这些值会按顺序出现在栈顶（第一个返回值在最下面）。

2. 局部变量

函数指令可以操纵操作数、局部变量、全局变量和内存。操作数的生命周期最短暂，可能只持续几条指令。局部变量的生命周期就是整个函数执行的过程，我们在前文也提到过，函数的参数实际上也是局部变量。全局变量和内存数据的生命最长，在整个模块执行期间都有效。如果全局变量或内存是从外部导入的，那么它的生命周期将更长，很可能会跨越多个模块实例的生命周期。我们已经在第 5 章讨论过操作数栈，在第 6 章讨论过内存，可以使用变量指令把局部或全局变量加载到操作数栈上，或者从操作数栈上写回，这部分内容会在下文详细介绍。

3. 调用栈和调用帧

我们知道，函数的指令需要使用操作数栈，函数也需要为参数和局部变量分配空间。另外，为了实现函数调用，往往还需要记录一些其他信息（后面会详细介绍）。我们把这些数据看成一个整体，把它叫作函数的**调用帧**（Call Frame）。每调用一个函数，就需要创建一个调用帧；当函数执行结束，再把调用帧销毁。我们可以把这一系列调用帧理解成栈结构，将其称为函数的**调用栈**（Call Stack）。一连串的函数调用就是不停创建和销毁调用帧的过程，但是在任一时刻，只有位于栈顶的调用帧是活跃的，我们称之为**当前帧**，与之关联的函数称为**当前函数**。

举个例子，假设有函数 f() 调用了函数 g()，继而又调用了函数 h()。那么就可以画出函数调用栈和调用帧的状态转换，如图 7-1 所示（灰色表示当前帧）。

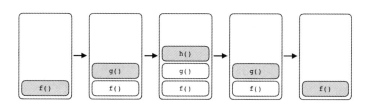

图 7-1 函数调用栈和调用帧的状态转换示意图

前面的介绍可能有点抽象，下面我们通过一个具体的例子来分析 Wasm 函数调用和执行过程。这个例子很简单，只有两个函数：main() 和 max()，main() 函数调用了 max() 函数，代码如下所示。

```
(module
  (func $main (export "main")
    (i32.const 12) (i32.const 34)
    (i64.const 56) (i64.const 78)
    (call $max)
    (drop) (drop) (drop)
  )
  (func $max (param $a i64) (param $b i64) (result i64)
    (local $c i64)
    (local.get $a) (local.get $b)
    (local.get $a) (local.get $b)
    (i64.gt_s)
    (select)
  )
)
```

在 main() 函数中，假设前 4 条常量指令已经执行完毕，那么栈上应该有 4 个整数值。执行完 call 指令后，栈顶的两个数被弹出，函数调用结果 max(56, 78) 被压入。max() 函数调用前后栈的状态变化如图 7-2 所示。

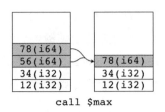

call $max

图 7-2　函数调用示意图

让我们再进入 max() 函数内部看一看，为了便于讨论，图 7-3 把参数、局部变量和操作数栈画在一起，分别用深色、浅色和白色表示。刚进入函数时，参数的值已经初始化完毕，其他局部变量的值全部为 0，操作数栈为空，如图 7-3 所示。

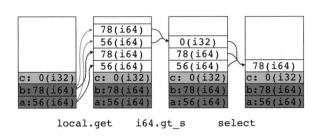

local.get　　i64.gt_s　　select

图 7-3　操作数栈示意图

4 条 local.get 指令将局部变量值复制到操作数栈，如图 7-3 左起第二列所示。接着，i64.gt_s 指令从栈顶弹出两个操作数，比较大小，然后将结果压栈，如图 7-3 左起第三列所示。最后，select 指令从栈顶弹出 3 个操作数，选择正确的结果压栈，如图 7-3 最右列所示。

以上简单介绍了 Wasm 函数调用的基本原理，下面我们学习函数调用指令，把这些抽象的原理转变成具体的代码。

7.2　函数调用实现

我们分 4 个步骤来实现函数调用指令。第一步，增强操作数栈，给它添加一些实用方法。这一步主要是为参数和返回值传递，以及局部变量空间做准备。第二步，给虚拟机添加函数调用栈。这一步是实现函数调用的关键。第三步，增强虚拟机，让新版操作数栈和函数调用栈发挥作用。最后一步，实现函数调用指令。

7.2.1　增强操作数栈

上一节我们把参数、局部变量和操作数栈画在了一起（见图 7-3），之所以这么画，不仅是为了方便描述，也是因为我们的确打算这么做。Wasm 规范只是描述了各种指令的语义，并没有涉及太多实现细节，这就给具体的实现留下了广阔的发挥空间。虚拟机之所以是虚拟或抽象的，根本原因就在这里。

把参数、局部变量和操作数放在一起主要有两个好处：第一，实现起来简单，不需要再定义一个额外的局部变量表，这样可以在很大程度上简化代码；第二，让参数传递变成了 NOP(无操作)。我们可以让两个调用帧有一部分数据重叠（这部分数据就是参数），这样自然就起到了参数传递的效果。我们仍然使用上一节的例子，当 main() 函数调用 max() 函数时，两个调用帧的重叠部分如图 7-4 所示。

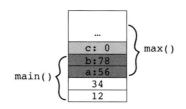

图 7-4　调用帧重叠示意图

为了实现这些效果，需要对操作数栈进行增强。之前我们实现的操作数栈就是严格意义上的栈结构，只能通过压入和弹出操作改变它的状态。现在给它添加 3 个方法，让代码可以获取操作数的数量，以及按索引读写操作数，改动后的代码如下所示。

```
func (s *operandStack) stackSize() int {
    return len(s.slots)
}
func (s *operandStack) getOperand(idx uint32) uint64 {
    return s.slots[idx]
}
func (s *operandStack) setOperand(idx uint32, val uint64) {
    s.slots[idx] = val
}
```

这 3 个方法都很简单，但不是必须的，因为可以直接操作 slots 字段来实现同样的效果。只不过封装成方法有助于提高代码的可读性，让代码更好维护。有了这 3 个方法，我们再给操作数栈添加 2 个批量压入 / 弹出方法。这 2 个方法也不是必须的，但是可以帮助我们简化函数调用实现逻辑。下面是这 2 个辅助方法的代码。

```
func (s *operandStack) pushU64s(vals []uint64) {
    s.slots = append(s.slots, vals...)
}
func (s *operandStack) popU64s(n int) []uint64 {
    vals := s.slots[len(s.slots)-n:]
    s.slots = s.slots[:len(s.slots)-n]
    return vals
}
```

7.2.2 添加调用栈

按照计划好的步骤，下面我们该实现函数调用帧和调用栈了。先看看调用帧的结构体定义（我们把它命名为"控制帧"，原因稍后给出，它和后面要介绍的控制栈都定义在 interpreter/vmstackcontrol.go 文件里）。

```
type controlFrame struct {
    opcode byte                //
    bt     binary.FuncType     // block type
    instrs []binary.Instruction //
    bp     int                 // base pointer
    pc     int                 // program counter
}
```

这个结构体有很多地方需要解释。

1）之所以叫"控制帧"而非"调用帧"，是因为在第 8 章我们实现控制指令时也要用到它。换句话说，所谓的调用帧实际上只是控制帧的一种特殊情况。我们使用操作码来区分控制帧是由哪条指令创建的。在本章只有一种可能，那就是由函数调用指令创建的调用帧，在第 8 章会介绍其他几种情况。

2）我们需要记录函数（和第 8 章要介绍的控制块）的类型。本章只用到结果类型，但是在第 8 章也会用到参数类型。

3）为了简化实现，我们把控制帧要执行的指令暂存下来。

4）由于所有函数和控制帧共享一个操作数栈，所以需要记录与帧相对应的操作数栈起始索引。

5）我们需要一个程序计数器（Program Counter，PC）来记录指令执行的位置。当一个控制帧被重新激活（成为栈顶控制帧），可以根据 PC 恢复指令执行。控制帧的字段有点多，所以有必要给它定义一个构造函数，代码如下所示。

```
func newControlFrame(opcode byte, bt binary.FuncType,
        instrs []binary.Instruction, bp int) *controlFrame {
    return &controlFrame{opcode, bt, instrs, bp, 0}
}
```

有了调用帧，调用栈就容易实现了，基于上面解释过的原因，我们把调用栈叫作控制栈，下面是控制栈结构体定义。

```
type controlStack struct {
    frames []*controlFrame
}
```

和操作数栈一样，我们也使用 Go 语言的切片类型来实现控制栈。压入 / 弹出逻辑和操作数栈也是类似的，代码如下所示。

```
func (cs *controlStack) pushControlFrame(cf *controlFrame) {
    cs.frames = append(cs.frames, cf)
}
func (cs *controlStack) popControlFrame() *controlFrame {
    cf := cs.frames[len(cs.frames)-1]
    cs.frames = cs.frames[:len(cs.frames)-1]
    return cf
}
```

最后，为了获取控制栈的深度、栈顶控制帧以及最靠近栈顶的调用帧，给控制栈添加 3 个实用方法。对于本章来说，后两个方法的实现效果是一样的，但是到下一章就会有所不同。下面是这 3 个方法的代码。

```
func (cs *controlStack) controlDepth() int {
    return len(cs.frames)
}
func (cs *controlStack) topControlFrame() *controlFrame {
    return cs.frames[len(cs.frames)-1]
}
func (cs *controlStack) topCallFrame() (*controlFrame, int) {
    for n := len(cs.frames) - 1; n >= 0; n-- {
```

```
        if cf := cs.frames[n]; cf.opcode == binary.Call {
            return cf, len(cs.frames) - 1 - n
        }
    }
    return nil, -1
}
```

7.2.3 增强虚拟机

现在该进行第三步，增强虚拟机了。我们对 vm 结构体进行一些修改，主要是"嵌入"刚刚实现的控制栈，代码如下所示。

```
type vm struct {
    operandStack               //
    controlStack               // 新增加的字段
    module    binary.Module    //
    memory    *memory          //
    globals   []*globalVar     // 新增加的字段
    local0Idx uint32           // 新增加的字段
}
```

注意还有其他两个新字段。我们暂时忽略 globals 字段，看名字就知道它是用来存放模块实例的全局变量的，详见 7.4 节。local0Idx 字段记录当前函数的第一个局部变量（如果有参数，那就是第一个参数）在操作数栈的位置，它是用来实现局部变量指令的，详见 7.3 节。local0Idx 字段并不是必须的，因为可以从当前函数的调用帧里获得它的值，但是加上它可以让代码更清晰。

虚拟机结构体的代码修改好后，还需要添加几个方法。其中 enterBlock() 方法在进入函数（或控制块）时使用，代码如下所示。

```
func (vm *vm) enterBlock(opcode byte, bt binary.FuncType,
                         instrs []binary.Instruction) {
    bp := vm.stackSize() - len(bt.ParamTypes)
    cf := newControlFrame(opcode, bt, instrs, bp)
    vm.pushControlFrame(cf)
    if opcode == binary.Call {
        vm.local0Idx = uint32(bp)
    }
}
```

上面这个方法的第一个参数只能是函数调用指令的操作码，第二个参数是被调用函数的类型，第三个参数是被调用函数的指令序列，其他参数将会在第 8 章介绍。请注意上面代码中的 bp 计算，它表示在当前操作数栈高度的基础上，减去了参数数量。对于函数调用来说，这就起到了前面提到的调用帧重叠的效果。另外，对于函数调用，还需要更新 local0Idx 字段的值。与 enterBlock() 方法相对应的是 exitBlock() 方法，在函数（或控制块）退出时使用，代码如下所示。

```
func (vm *vm) exitBlock() {
    cf := vm.popControlFrame()
    vm.clearBlock(cf)
}
```

这个方法只是弹出控制帧，然后进行一些必要的清理工作。下面请看 clearBlock() 方法的代码。

```
func (vm *vm) clearBlock(cf *controlFrame) {
    results := vm.popU64s(len(cf.bt.ResultTypes))
    vm.popU64s(vm.stackSize() - cf.bp)
    vm.pushU64s(results)
    if cf.opcode == binary.Call && vm.controlDepth() > 0 {
        lastCallFrame, _ := vm.topCallFrame()
        vm.local0Idx = uint32(lastCallFrame.bp)
    }
}
```

当函数（或控制块）结束时，结果（如果有的话）已经在栈顶了。因为此时栈上除了结果可能还残留一些其他数据（比如参数和局部变量等），因此需要先把结果从操作数栈顶弹出，暂存起来。然后清空栈顶，再把结果值压栈。注意，如果是函数退出，还需要恢复 local0Idx 字段的值。当函数返回后，返回值已经出现在调用方的栈顶，取代了之前放置的参数。

7.2.4　call 指令

铺垫了这么多，终于可以实现 call 指令（操作码 0x10）了。我们已经知道，该指令带有一个立即数，给出被调用函数的索引。指令执行时，会根据被调用函数的类型从栈顶弹出参数。指令执行结束后，被调用函数的返回值会出现在栈顶。假设被调用函数接收两个 i64 类型的参数，返回一个 i64 类型的结果，则 call 指令的示意图如图 7-5 所示。

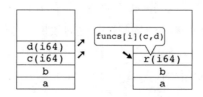

图 7-5　call 指令示意图

我们来考虑一个更一般的情况：假设被调用函数接收 N 个参数，返回 M 个结果，下面是 call 指令的伪代码。

```
f = funcs[arg]
aN, ..., a3, a2, a1 = pop(), ...
r1, r2, r3, ..., rM = f(a1, a2, a3, ..., aN)
push(r1, r2, r3, ..., rM)
```

在第 5 章和第 6 章里，为了测试，我们临时实现了函数调用指令。现在可以把它换成更为正式的实现，并把原先的实现逻辑放进新的 callAssertFunc() 函数里。当然，这次的实现也不是最终版，在第 9 章我们还会继续完善它。下面是 call 指令的新版实现代码。

```
func call(vm *vm, args interface{}) {
    idx := int(args.(uint32))
    importedFuncCount := len(vm.module.ImportSec) // 暂时只考虑函数导入
    if idx < importedFuncCount {
        callAssertFunc(vm, args)
    } else {
        callInternalFunc(vm, idx-importedFuncCount)
    }
}
```

我们先把指令立即数强转成函数索引。根据函数索引和导入函数的数量（暂时不考虑其他类型的导入，后面会修复这个问题），可以知道要调用的是外部函数还是内部函数。如果要调用的是外部函数，就还按原先那套逻辑执行断言函数。否则，执行内部函数调用逻辑。下面请看 callInternalFunc() 函数的代码。

```
func callInternalFunc(vm *vm, idx int) {
    ftIdx := vm.module.FuncSec[idx]
    ft := vm.module.TypeSec[ftIdx]
```

```
code := vm.module.CodeSec[idx]
vm.enterBlock(binary.Call, ft, code.Expr)

// alloc locals
localCount := int(code.GetLocalCount())
for i := 0; i < localCount; i++ {
    vm.pushU64(0)
}
}
```

由于在指令执行之前参数就已经准备好了，所以只须获得函数的类型和指令，用这些信息在控制栈上创建一个新的调用帧，再给局部变量分配好空间。至于被调用函数的指令如何才能执行，这显然是需要妥善处理的。我们把之前实现的 execCode() 方法删掉，换成功能更强大（名字也更恰当）的 loop() 方法，代码如下所示。

```
func (vm *vm) loop() {
    depth := vm.controlDepth()
    for vm.controlDepth() >= depth {
        cf := vm.topControlFrame()
        if cf.pc == len(cf.instrs) {
            vm.exitBlock()
        } else {
            instr := cf.instrs[cf.pc]
            cf.pc++
            vm.execInstr(instr)
        }
    }
}
```

这个 loop() 方法只须调用一次，详见 7.5 节。下面我们来实现变量指令。

7.3　局部变量指令

变量指令一共 5 条。其中局部变量指令用于读写函数的参数和局部变量，共 3 条；全局变量指令用于读写模块实例的全局变量，共 2 条。这一节我们先实现局部变量指令，下一节再实现全局变量指令。

7.3.1 local.get 指令

local.get 指令（操作码 0x20）用于获取局部变量的值，也就是把局部变量的值压栈。该指令带有一个立即数，给出局部变量索引，指令执行后栈顶操作数的类型和所访问的局部变量类型一致，图 7-6 所示是 local.get 指令的示意图。

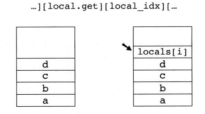

图 7-6　local.get 指令示意图

根据描述，可以给出 local.get 指令的伪代码：push(locals[arg])。因为我们已经做好了充分准备，所以 local.get 指令实现起来很简单，代码如下所示。

```
func localGet(vm *vm, args interface{}) {
    idx := args.(uint32)
    val := vm.getOperand(vm.local0Idx + idx)
    vm.pushU64(val)
}
```

7.3.2 local.set 指令

和 local.get 指令相反，local.set 指令（操作码 0x21）用于设置局部变量的值。局部变量的索引由立即数指定，新的值从栈顶弹出（必须和要修改的局部变量是相同类型）。图 7-7 所示是 local.set 指令的示意图。

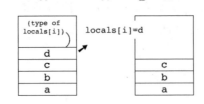

图 7-7　local.set 指令示意图

根据描述，可以给出 `local.set` 指令的伪代码：`locals[arg] = pop()`。把 `local.get` 指令的实现逻辑反转就可以得到 `local.set` 指令的实现，代码如下所示。

```
func localSet(vm *vm, args interface{}) {
    idx := args.(uint32)
    val := vm.popU64()
    vm.setOperand(vm.local0Idx+idx, val)
}
```

7.3.3　local.tee 指令

熟悉 UNIX（或者 Linux/macOS）命令行的读者都知道，我们可以使用重定向操作符 > 把某个命令的输出重定向到文件里，比如 `echo hi > output.txt`。如果既想把输出重定向到文件，又想同时在控制台打印，就可以使用 `tee` 命令，比如 `echo hi | tee output.txt`。

`local.tee` 指令（操作码 `0x22`）进行了类似操作：既使用栈顶操作数设置局部变量的值，又把操作数留在了栈顶。图 7-8 所示是 `local.tee` 指令的示意图。

图 7-8　`local.tee` 指令示意图

根据描述，可以给出 `local.tee` 指令的伪代码：`locals[arg] = top()`。把 `local.set` 指令的实现逻辑稍微改一下就可以得到 `local.tee` 指令的实现，代码如下所示。由于本书的主要目的是解释 Wasm 原理，而非追求性能，所有这个实现重在示意，而非最优。

```
func localTee(vm *vm, args interface{}) {
    idx := args.(uint32)
    val := vm.popU64()
    vm.pushU64(val) // 再压回去
    vm.setOperand(vm.local0Idx+idx, val)
}
```

7.4 全局变量指令

在 7.2.3 节已经提到了全局变量的实现方式：用切片类型放在 vm 结构体里。下面给出全局变量的结构体定义和构造函数。

```
type globalVar struct {
    _type binary.GlobalType
    val   uint64
}

func newGlobal(gt binary.GlobalType, val uint64) *globalVar {
    return &globalVar{_type: gt, val: val}
}
```

读者可能会问，为什么不能像局部变量那样，直接用 uint64 类型表示全局变量，而是专门定义一个结构体呢？这里先卖个关子，答案会在第 10 章揭晓。我们先给全局变量结构体定义两个方法，用来获取和改变变量值，代码如下所示。

```
func (g *globalVar) GetAsU64() uint64 {
    return g.val
}
func (g *globalVar) SetAsU64(val uint64) {
    if g._type.Mut != 1 { panic(errors.New("immutable global")) }
    g.val = val
}
```

下面可以来实现全局变量指令了。

7.4.1 global.get 指令

global.get 指令（操作码 0x23）和 local.get 指令很像，只不过是获取全局变量的值，也就是把全局变量的值压栈。全局变量的索引由立即数指定，指令执行后栈顶值的类型和全局变量的类型一致。图 7-9 所示是 global.get 指令的示意图。

根据描述，可以给出 global.get 指令的伪代码：push(globals[arg])。把 local.get 指令的实现逻辑稍微改一下就可以得到 global.get 指令的实现，代码如下所示。

```
func globalGet(vm *vm, args interface{}) {
    idx := args.(uint32)
```

```
val := vm.globals[idx].GetAsU64()
vm.pushU64(val)
}
```

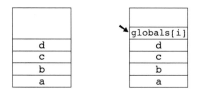

…][global.get][global_idx][…

图 7-9　global.get 指令示意图

7.4.2　global.set 指令

global.set 指令（操作码 0x24）和 local.set 指令很像，只不过是设置全局变量的值。全局变量的索引由立即数指定，新的值从栈顶弹出（必须和要修改的全局变量是相同类型）。图 7-10 所示是 global.set 指令的示意图。

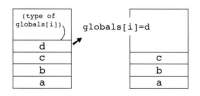

…][global.set][global_idx][…

图 7-10　global.set 指令示意图

根据描述，可以给出 global.get 指令的伪代码：globals[arg] = pop()。把 global.get 指令的实现逻辑反转就可以得到 global.set 指令的实现，代码如下所示。

```
func globalSet(vm *vm, args interface{}) {
    idx := args.(uint32)
    val := vm.popU64()
    vm.globals[idx].SetAsU64(val)
}
```

7.5 本章效果

下面我们再做一些收尾工作，就可以用 WAT 例子测试本章代码了。首先，需要把 5 条变量指令添加到指令表中。这个改动比较简单，就不展示代码了。然后，需要在创建虚拟机实例后，分配并初始化全局变量。我们把全局变量初始化逻辑封装在 initGlobals() 方法里，代码如下所示。

```
func (vm *vm) initGlobals() {
    for _, global := range vm.module.GlobalSec {
        for _, instr := range global.Init {
            vm.execInstr(instr)
        }
        vm.globals = append(vm.globals,
            newGlobal(global.Type, vm.popU64()))
    }
}
```

这个方法和第 6 章的内存初始化方法比较相似。我们知道，模块可以导入或者定义全局变量。但是这里只介绍了如何定义全局变量，至于如何导入全局变量，到第 10 章讨论模块链接时再详细介绍。

最后，修改 ExecMainFunc() 函数，改动如下所示。

```
func ExecMainFunc(module binary.Module) {
    vm := &vm{module: module}
    vm.initMem()
    vm.initGlobals()            // 新增的代码
    call(vm, *module.StartSec)  // 变化的代码
    vm.loop()                   // 变化的代码
}
```

可以说代码改动还是挺大的，不仅增加了全局变量的初始化逻辑，模块的起始函数也改成通过 call 指令来执行。注意，call 指令只是使一个新的调用帧出现在控制栈顶，我们还需要显式调用 loop() 方法触发指令循环。

和前两章一样，本章也准备了几个 WAT 文件，用于测试函数调用和变量指令。我们通过如下所示的一个用递归法计算斐波那契数列的例子，让读者能更好地观察实现效果。

```
(module
  (import "env" "assert_eq_i32" (func $assert_eq_i32 (param i32 i32)))
```

```
(start $main)
(func $main (export "main")
  (call $assert_eq_i32 (call $fib (i32.const 17)) (i32.const 1597))
)
(func $fib (param $a i32) (result i32)
  (i32.const 0)
  (br_if 0 (i32.eqz (local.get $a)))
  (drop)

  (i32.const 1)
  (br_if 0 (i32.eq (local.get $a) (i32.const 1)))
  (br_if 0 (i32.eq (local.get $a) (i32.const 2)))
  (drop)

  (call $fib (i32.sub (local.get $a) (i32.const 1)))
  (call $fib (i32.sub (local.get $a) (i32.const 2)))
  (i32.add)
  )
)
```

不过要想执行这个例子，还需要 br_if 的支持。我们要到下一章才能正式实现这条指令，这里先给出一个临时的实现（也需要把它添加到指令表里），代码如下所示。

```
func brIf(vm *vm, args interface{}) {
    if vm.popBool() {
        vm.exitBlock()
    }
}
```

暂时不理解也没关系，下一章会详细介绍这条控制指令。编译并测试该文件，如果没有任何异常输出就证明代码运行无误。

```
$ cd code/go/ch07/wasm.go/
$ wat2wasm ../../../wat/ch07_fib.wat
$ go run wasm.go/cmd/wasmgo ch07_fib.wasm
```

7.6　本章小结

在这一章，我们讨论了 Wasm 函数调用机制并实现了直接函数调用指令，还实现了局部变量和全局变量指令。在下一章，我们将讨论并实现结构化控制指令和跳转指令。第三部分（第 5 ~ 11 章）是全书的核心，而本章和下一章又是第三部分的核心，可能也是全书最难理解的两章。如果读者在阅读过程中遇到障碍请不要气馁，可以结合随书源代码反复理解，也可以先学习后面的内容，等回过头再看这两章，也许就茅塞顿开了。

　　细心的读者可能会发现，我们目前实现的所有指令都没有对操作数栈和操作数进行任何检查。那么操作数栈有没有可能被有 bug 甚至恶意的代码给弄乱呢？这个担心是非常合理的，但答案是：不可能。Wasm 函数是很容易被静态检查的，只要在执行函数之前先验证它的字节码就可以发现大部分问题（少量问题需要在运行时检查），我们将在第 11 章专门讨论这个话题。

第 8 章 控 制 指 令

控制指令一共有 13 条，其中结构化控制指令 3 条、跳转指令 4 条、函数调用指令 2 条、伪指令 2 条、其他指令 2 条。由于函数调用较为复杂，所以第 7 章我们专门介绍了 Wasm 函数调用机制和直接函数调用指令，在第 9 章会介绍表和间接函数调用指令。本章，我们将讨论函数调用指令以外的其他控制指令，重点讨论结构化控制指令和跳转指令。

8.1 控制指令介绍

在计算机发展的早期阶段，编程语言还不像现在这么成熟，那个年代的程序员普遍都习惯使用 goto 这种低级的控制语句。随着经验的积累，人们发现了 goto 语句的危害：容易写出难以理解和维护的代码。所以 goto 语句逐渐被 if、for、switch-case 等更为高级的控制语句取代。时至今日，除了少数情况，已经很少有人再使用 goto 语句了。新的编程语言也大都不再支持 goto 语句。

虽然 goto 语句快要从高级语言的语法中消失，但是由于它模仿了真实机器的指令集，很多高级语言的虚拟机还是保留了 goto 或者 jump 指令。比如 Java 虚拟机就有 goto 指令，用来进行无条件跳转；以及 if 系列指令，用来进行条件跳转。再比如 Lua

虚拟机也有 JMP 指令，可以进行无条件跳转或者和 TEST 指令搭配进行有条件跳转。

对于虚拟机来说，goto/jump 指令已经没那么大危害了。因为大多数情况下，指令是由编译器生成的，程序员基本不需要直接接触代码。但是，允许任意跳转还是存在一个问题：代码不太好验证。仍然以 Java 虚拟机为例，由于 goto 等指令的存在，Java 字节码验证起来非常麻烦。作为对比，Wasm 彻底废弃了任意跳转指令，只支持结构化控制指令和受限制的跳转指令，因此字节码很容易验证，可以用几百行甚至更少的代码实现（详见第 11 章）。

我们已经知道，最基本的控制结构有 3 种：顺序、循环、分支。组合使用这 3 种控制结构就可以构造出其他控制结构以及复杂的程序。Wasm 提供了 3 条控制指令：block（操作码 0x02）、loop（操作码 0x03）、if（操作码 0x04），正好和这 3 种控制结构相对应。这 3 条控制指令都必须和 end 伪指令成对出现，具有良好的结构特征，因此被称为**结构化控制指令**。由于结构化控制指令的使用，Wasm 文本格式（WAT 语言）看起来颇有几分高级语言的味道。下面从几个方面展开介绍 Wasm 结构化控制指令。

8.1.1　跳转标签

如前文所述，Wasm 不支持任意跳转指令，只支持受限的跳转指令。这些跳转指令只能跳转到结构化控制指令所定义的目标处，我们称这些跳转目标为**跳转标签**。对于 block 和 if 指令来说，跳转目标位于指令的结尾处。对于 loop 指令来说，跳转目标位于指令的开始处，下面来看一个 WAT 例子。

```
(module
  (func
    (block
      (i32.const 100) (br 0) (drop)
    )
    (loop ;; infinite loop!
      (i32.const 200) (br 0) (drop)
    )
    (if (i32.eqz (i32.const 300))
      (then (i32.const 400) (br 0) (drop) )
      (else (i32.const 500) (br 0) (drop) )
    )
  )
)
```

这个例子展示了 3 条结构化控制指令和跳转指令的用法（这一节的大部分例子仅仅为了说明 Wasm 控制指令，无实际含义）。跳转指令共 4 条，其中 br 指令用于进行无条件跳转，8.2.3 小节会详细介绍。上面这个例子中的 3 条控制语句各定义了一个跳转标签，这样它们内部的跳转指令就可以跳转到这个标签。请注意 br 指令带有一个立即数，指定跳转标签的索引，8.1.2 小节会介绍。

通过文字和代码可能不太容易理解，图 8-1 形象地展示了 block 和 loop 指令定义的跳转目标，以及跳转指令的作用（灰色方块代表无关紧要的指令）。

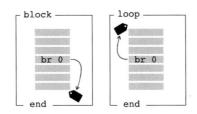

图 8-1　跳转指令示意图

由于 if 指令所定义的标签和 block 指令是一样的，都在指令的结尾，所以图 8-1没有专门画出。顺便提一下，if 指令实际上是冗余的，可以通过 block 指令和条件跳转指令 br_if 实现同样的效果，具体原因这里就不展开介绍了。另外请注意，loop 指令并不能自动形成循环，必须要和跳转指令配合使用。如果内部没有跳转指令，那么loop 指令和 block 指令是完全没有差别的。

上面的例子只展示了单个控制块的跳转情况，实际上跳转指令也可以穿透多个控制块。但是还有两个限制：第一，不能跳出函数，这是显而易见的；第二，只能跳出外围控制块，不能跳到平行的控制块里。我们会在下一小节展开讨论这两个限制。

8.1.2　跳转标签索引

如果跳转指令可以穿透控制块，那么如何知道要穿透几层呢？答案在跳转指令的立即数里。跳转指令的立即数指定了跳转标签索引，不过这个索引和我们前面讨论过的其他索引不太一样。对于函数类型、局部变量、全局变量来说，使用绝对索引比较方便。但是对于跳转标签来说，使用相对索引更方便一些。

跳转标签索引是相对的，是一个抽象的概念，只有针对具体跳转指令才有具体含义。

比如某条跳转指令，对它来说标签索引 0 表示该指令所在的控制块定义的跳转标签，1 表示往外一层控制块定义的跳转标签，2 表示再往外一层控制块定义的跳转标签，以此类推。下面这个例子展示了多层 block 指令和跳转标签索引的用法。

```
(module
  (func (i32.const 100)
    (block (i32.const 200)
      (block (i32.const 300)
        (block (i32.const 400)
          (br 3) (br 2) (br 1) (br 0)
          (drop)
        )
        (drop)
      )
      (drop)
    )
    (drop)
  )
)
```

结合上面的例子，图 8-2 形象地展示了跳转标签索引的含义。

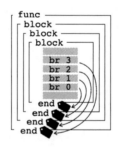

图 8-2　跳转标签索引示意图

注意，函数的结尾也有一个隐式标签，从任意位置都可以直接跳到这里，导致函数返回。由于这种操作比较常见，所以 Wasm 专门提供了一个 return 指令。对于编译器来说，直接使用跳转标签索引当然是没问题的，不过对于人类就不一样了。为了便于程序员读写，WAT 允许给标签分配标识符，这样就可以在跳转指令中通过函数名字来指定跳转目标了，下面是改写后的代码。

```
(module
  (func (i32.const 100)
```

```
    (block $l1 (i32.const 200)
      (block $l2 (i32.const 300)
        (block $l3 (i32.const 400)
          (br 3) (br $l1) (br $l2) (br $l3)
          (drop)
        )
        (drop)
      )
      (drop)
    )
    (drop)
  )
)
```

我们回到 8.1.1 节最后给出的那两条限制。跳转指令需要给出**相对**的跳转标签索引，所以第二条限制自然是满足的。至于第一条限制，可以通过静态分析确认，详见第 11 章。

Wasm 一共定义了 4 条跳转指令：br（操作码 0x0C）进行无条件跳转，br_if（操作码 0x0D）进行条件跳转，br_table（操作码 0x0E）进行查表跳转，return（操作码 0x0F）直接跳出最外层循环（导致函数返回）。跳转指令也称为分支（Branch）指令，8.2 节将详细介绍这 4 条指令。

8.1.3 块类型

在本书写作期间（2020 年 4 月），"多返回值"提案被正式并入 Wasm 规范。这个提案放开了此前 Wasm 模块存在的 3 条限制：第一，函数最多只能有一个返回值；第二，控制块不能有参数；第三，控制块最多只能产生一个结果。这个提案通过以后，结构化控制指令的语义和函数调用更像了：会消耗操作数栈顶指定数目和类型的参数、留下指定数目和类型的结果。换句话说，结构化控制指令就像一个内联函数，我们将这个"内联函数"的类型叫作结构化控制指令的**块类型**。下面这个例子展示了结构化控制指令参数和结果的用法。

```
(module
  (func $add (param $a i64) (param $b i64) (result i64)
    (local.get $a) (local.get $b)
    (block (param i64 i64) (result i64)
      (i64.add)
    )
  )
)
```

虽然上面这个例子只出现了 block 指令，但同样的写法对于 loop 和 if 指令也是适用的。为了更便于读者理解块类型，我们再看一个从 Wasm 规范测试用例中择出来的阶乘函数（完整可执行代码见 8.3 节）。

```
(module
  (func $fac (param i64) (result i64)
    (i64.const 1) (local.get 0)
    (loop $l (param i64 i64) (result i64)
      (call $pick1) (call $pick1) (i64.mul)
      (call $pick1) (i64.const 1) (i64.sub)
      (call $pick0) (i64.const 0) (i64.gt_u)
      (br_if $l)
      (drop) (return)
    )
  )
)
```

控制指令先介绍到这里，下面我们来看看如何实现这些指令。

8.2 控制指令实现

如前文所述，结构化控制指令在语义上很像函数调用指令。实际上，结构化控制指令和函数调用指令在实现上也的确可以共享很多代码。在第 7 章，我们已经为实现函数调用指令做了很多工作。有了这些基础，控制指令实现起来就比较容易了。

8.2.1 block 和 loop 指令

就像上文说的那样，理解结构化控制指令最简单的方式就是把它想象成内联函数调用：指令的块类型相当于函数的签名，指令的内部指令相当于函数的字节码。当进入结构化控制指令时，参数已经在栈顶；当指令结束时，参数的位置被结果取代，这是结构化控制指令和函数调用的相似之处。

请注意，控制指令的参数和普通函数的参数是不同的。函数的参数理论上说并不在栈上，要通过专门的局部变量指令来操作。而控制指令的参数就在栈上，无法通过局部变量指令来操作。很显然，控制指令是没有自己的局部变量的。为了更直观地理解 block 和 loop 指令，我们再仔细看一下 8.1.3 节给出的第一个例子。

```
(module
  (func $add (param $a i64) (param $b i64) (result i64)
    (local.get $a) (local.get $b)
    (block (param i64 i64) (result i64)
      (i64.add)
    )
  )
)
```

假设 add() 函数正准备执行 block 指令，那么操作数栈顶应该已经有两个 i64 类型的整数。指令执行完毕后，两个参数已经从栈顶弹出，留下一个 i64 类型的结果。图 8-3 所示是 block 指令执行前后的操作数栈变化示意图。

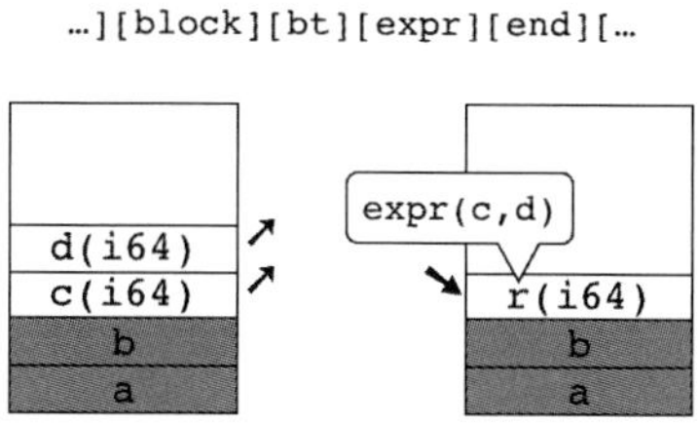

图 8-3　block 指令示意图

由于控制指令和函数调用指令非常相似，只要对 call 指令的实现稍作修改就可以得到 block 和 loop 指令的实现。为了方便对比，让我们回顾一下第 7 章实现的 callInternalFunc() 函数。

```
func callInternalFunc(vm *vm, idx int) {
    ftIdx := vm.module.FuncSec[idx]
    ft := vm.module.TypeSec[ftIdx]
    code := vm.module.CodeSec[idx]
    vm.enterBlock(binary.Call, ft, code.Expr)
    ... // 分配局部变量
}
```

把上述代码中 enterBlock() 方法调用的第一个参数换成 block 指令的操作码，第二个参数换成 block 指令的块类型，第三个参数换成 block 指令的"内部指令"，就可以得到 block 指令的实现，代码如下所示。

```
func block(vm *vm, args interface{}) {
    blockArgs := args.(binary.BlockArgs)
```

```
    bt := vm.module.GetBlockType(blockArgs.BT)
    vm.enterBlock(binary.Block, bt, blockArgs.Instrs)
}
```

由前文可知，loop 和 block 指令只是产生的跳转标签不同而已：一个在块的开头，一个在块的结尾。从外部看，两条指令是完全相同的，这里就不专门画 loop 指令的示意图了。下面是 loop 指令的实现代码。

```
func loop(vm *vm, args interface{}) {
    blockArgs := args.(binary.BlockArgs)
    bt := vm.module.GetBlockType(blockArgs.BT)
    vm.enterBlock(binary.Loop, bt, blockArgs.Instrs) // 注意第一个参数
}
```

在前面的章节中，以伪代码的形式描述了重要指令的大致逻辑。结构化控制指令和跳转指令比较特殊，涉及控制流转移，所以不太好描述，不过下面还是尝试给出 block 和 loop 指令的伪代码。

```
label: {
  // 参数应该在栈顶
  ... 继续执行指令
  // 参数被结果取代
}
```

8.2.2 if 指令

if 指令是 block 指令的加强版，携带了两个相同类型的内联函数（第二个内联函数可选）。当 if 指令执行时，会先从操作数栈顶弹出一个布尔值（i32 类型）。如果该值为真（非零）就执行第一个内联函数，否则执行第二个内联函数，这样就起到了分支的效果，我们还是来看一个具体的例子。

```
(module
  (func $calc (param $op i32) (param $a i64) (param $b i64) (result i64)
    (local.get $a) (local.get $b)
    (if (param i64 i64) (result i64)
      (i32.eqz (local.get $op))
      (then (i64.add))
      (else (i64.sub))
    )
  )
)
```

假设 calc() 函数正准备执行 if 指令，那么操作数栈顶应该是一个 i32 类型的布尔值，它的下面是两个 i64 类型的整数。执行指令时，先把栈顶操作数弹出，用它决定执行哪个内联函数。指令执行完毕后，两个参数也已经从栈顶弹出，留下一个 i64 类型的结果。图 8-4 是 if 指令执行前后的操作数栈变化示意图。

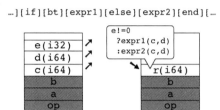

图 8-4　if 指令示意图

我们知道，else 和 expr2 是可选的。如果没有 else 分支，可以把 expr2 当作空的指令序列，这样就不用进行特殊处理了。下面给出 if 指令用的伪代码。

```
label: {
  cond = pop()
  // 参数应该在栈顶
  if cond != 0 {
    ... 执行分支 1 指令
  } else {
    ... 执行分支 1 指令
  }
  // 参数被结果取代
}
```

根据 if 指令的语义，不难给出它的实现，代码如下所示。

```
func _if(vm *vm, args interface{}) {
    ifArgs := args.(binary.IfArgs)
    bt := vm.module.GetBlockType(ifArgs.BT)
    if vm.popBool() {
        vm.enterBlock(binary.If, bt, ifArgs.Instrs1)
    } else {
        vm.enterBlock(binary.If, bt, ifArgs.Instrs2)
    }
}
```

8.2.3 br 指令

br 指令进行无条件跳转，该指令带有一个立即数，指定跳转的目标标签索引。根据目标标签索引，可以定位到一个控制块，br 指令导致这个控制块提前结束（如果是 block 指令或者 if 指令）或者重新开始（如果是 loop 指令）。我们继续沿用内联函数进行类比，如果目标标签索引定位到的是 block 块或 if 块，br 指令将导致这个内联函数返回。如果定位到 loop 块，br 指令将导致该内联函数重新执行。请看下面这个例子，我们以 block 块为例分析 br 指令。

```
(module
  (func $test (result i32)
    (i32.const 100) (block (result i32)
      (i32.const 200) (block (result i32)
        (i32.const 300) (block (result i32)
          (i32.const 123) (br 2) ;; <---
        ) (i32.add)
      ) (i32.add)
    ) (i32.add)
  )
)
```

假设 test() 函数正准备执行 br 指令，此时操作数栈上应该有 4 个整数，控制栈上也应该有 4 个控制帧。br 指令执行前操作数栈的状态如图 8-5 左侧所示，图中操作数栈格子左下角的黑色三角形表示这个位置对应一个新的控制帧。

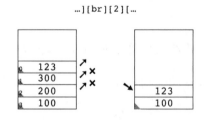

图 8-5 br 指令示意图

指令执行后，控制栈顶的 3 个控制帧被弹出，与这 3 个控制帧对应的操作数栈也应该被清理。注意，由于标签索引 2 指向的控制块有一个结果，所以应该先从栈顶弹出一个操作数，暂存起来。对栈进行清理之后，再把暂存的结果压栈。br 指令执行后操作数栈的状态如图 8-5 右侧所示。根据这些描述，可以给出 br 指令的伪代码（break 语义）。

```
label: { // block|if
   // 参数应该在栈顶
   ... 继续执行指令
   break label // 妥善处理操作数栈，保证参数被结果取代
   ... 其他指令
}
```

请注意，如果标签索引指定的是 block 或者 if 块，则 br 指令的效果是跳出控制块。如果标签索引指定的是 loop 块，则 br 指令的执行效果是重新开始控制块，且最终取代参数的并非结果而是新的参数。下面是 br 指令的伪代码（continue 语义）。

```
label: { // loop
   // 参数应该在栈顶
   ... 继续执行指令
   continue label // 妥善处理操作数栈，保证老的参数被新的参数取代
   ... 其他指令
}
```

现在可以给出 br 指令的实现了，代码如下所示。

```
func br(vm *vm, args interface{}) {
    labelIdx := int(args.(uint32))
    for i := 0; i < labelIdx; i++ { // 先弹出 labelIdx 个控制帧，
        vm.popControlFrame()
    }
    if cf := vm.topControlFrame(); cf.opcode != binary.Loop {
        vm.exitBlock() // block 或者 if 块，再弹出一个控制帧
    } else {           // loop 块
        vm.resetBlock(cf)
        cf.pc = 0
    }
}
```

有一点必须要注意：如果通过标签索引定位到的不是 loop 块，可以调用前一章实现的 exitBlock() 方法。如果定位到的是 loop 块，应该根据块的参数（而非结果）数量从栈顶弹出操作数并暂存，然后以这些操作数为参数重新进入控制帧，下面是 resetBlock() 方法的代码。

```
func (vm *vm) resetBlock(cf *controlFrame) {
    results := vm.popU64s(len(cf.bt.ParamTypes))
    vm.popU64s(vm.stackSize() - cf.bp)
    vm.pushU64s(results)
}
```

br 指令是 4 个跳转指令中最为关键的一个，理解了它，也就不难理解其他 3 个了。

8.2.4 br_if 指令

br_if 指令进行条件跳转。当 br_if 指令执行时，要先从操作数栈顶弹出一个布尔值（i32 类型）。如果该值为真（非零），则接着执行和 br 指令完全一样的逻辑。否则，只相当于执行一次 drop 操作。我们把前面的例子稍作修改，代码如下所示。

```
(module
  (func $test (result i32)
    (i32.const 100) (block (result i32)
      (i32.const 200) (block (result i32)
        (i32.const 300) (block (result i32)
          (i32.const 123) (br_if 2 (i32.const 1)) ;; <---
        ) (i32.add)
      ) (i32.add)
    ) (i32.add)
  )
)
```

假设 test() 函数正准备执行 br_if 指令，指令执行前后操作数栈的状态变化如图 8-6 所示。

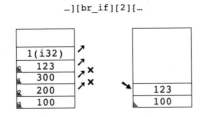

图 8-6 br_if 指令示意图

我们可以借助 br 指令来理解 br_if 指令，下面是该指令的伪代码。

```
if pop() != 0 { br(arg) }
```

同样，也可以利用 br 指令来实现 br_if 指令。第 7 章临时实现了该指令，现在可以换成正式实现了，代码如下所示。

```
func brIf(vm *vm, args interface{}) {
    if vm.popBool() {
        br(vm, args)
    }
}
```

8.2.5　br_table 指令

br_table 指令进行无条件查表跳转。br 和 br_if 指令只能指定一个跳转目标，且在编译期就已经确定。与这两条指令不同，br_table 指令可以指定多个跳转目标，最终使用哪个跳转目标要到运行期间才能决定。更具体地说，br_table 指令的立即数给定了 n+1 个跳转标签索引。其中前 n 个标签索引构成了一个索引表，后一个标签索引是默认索引。

当 br_table 指令执行时，要先从操作数栈顶弹出一个 i32 类型的值（假设它为 m）。如果 m 小于等于 n，则跳转到索引表第 m 个索引指向的标签处，否则跳转到默认索引指定的标签处。我们还是把前面的例子稍作修改，代码如下所示。

```
(module
  (func $test (result i32)
    (i32.const 100) (block (result i32)
      (i32.const 200) (block (result i32)
        (i32.const 300) (block (result i32)
          (i32.const 123) (br_table 0 1 2 3 (i32.const 2)) ;; <---
        ) (i32.add)
      ) (i32.add)
    ) (i32.add)
  )
)
```

假设 test() 函数正准备执行 br_table 指令，此时栈顶应该已经有一个 i32 类型的操作数了。指令执行时，先从栈顶弹出这个操作数（值是 2）。因为它的值在索引表的长度之内，所以可以用它从索引表中取出跳转标签索引（在这个例子里正好也是 2）。接下来的处理就和 br 指令完全一样了。br_table 指令执行前后操作数栈的状态变化如图 8-7 所示。

前面介绍的控制指令都比较直观，很容易对应成高级语言中的控制语句。br_table 指令可以用来实现高级语言中的 switch-case 等语句，我们会在第 12 章详细讨论。下面给出 br_table 指令的伪代码。

```
n = pop()
if n < len(arg.labels) {
  br(arg.labels[n])
} else {
  br(arg.defaultLabel)
}
```

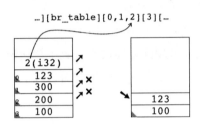

图 8-7 br_table 指令示意图

和 br_if 指令一样，br_table 指令也可以在 br 指令的基础上实现，代码如下所示。

```
func brTable(vm *vm, args interface{}) {
    brTableArgs := args.(binary.BrTableArgs)
    n := int(vm.popU32())
    if n < len(brTableArgs.Labels) {
        br(vm, brTableArgs.Labels[n])
    } else {
        br(vm, brTableArgs.Default)
    }
}
```

8.2.6 return 指令

函数体本身也是一个隐式的控制块，return 指令是 br 指令的特殊形式：直接跳出最外层的块。这个指令的最终效果就是导致函数返回，所以把它叫作 return 指令也就不足为奇了。继续修改前面的例子，代码如下所示。

```
(module
  (func $test (result i32)
    (i32.const 100) (block (result i32)
      (i32.const 200) (block (result i32)
        (i32.const 300) (block (result i32)
```

```
      (i32.const 123) (return) ;; br 3
    ) (i32.add)
  ) (i32.add)
 ) (i32.add)
)
)
```

假设 test() 函数正准备执行 return 指令，根据这时的情况可知，其效果等于 br 3。指令执行前后操作数栈的状态变化如图 8-8 所示。

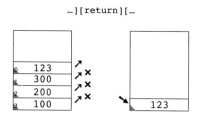

图 8-8 return 指令示意图

根据上面的描述，可以给出 return 指令的伪代码：br(getBlockDepth())。在 br 指令的基础上实现 return 指令也很简单。我们使用第 7 章准备好的 topCallFrame() 方法可以找到函数最外层块的标签索引（也就是当前控制块的深度），然后执行跳转逻辑，代码如下所示。

```
func _return(vm *vm, _ interface{}) {
    _, labelIdx := vm.topCallFrame()
    br(vm, uint32(labelIdx))
}
```

8.2.7 unreachable 和 nop 指令

以上代码实现了结构化控制指令和跳转指令，剩下两个控制指令的实现就相当简单了。其中 unreachable 指令（操作码 0x00）引发一个运行时错误（详见第 11 章），下面是它的实现代码。

```
func unreachable(vm *vm, _ interface{}) {
    panic(errors.New("unreachable"))
}
```

nop（No Operation 的缩写）指令（操作码 0x01）什么都不做，下面是它的实现代码。

```
func nop(vm *vm, _ interface{}) {
    // 真的什么也不做
}
```

8.3 本章效果

本章代码的最后一处变动，是把上面实现的控制指令添加到指令表。这个改动较为简单，这里不再展示了。和前 3 章一样，本章也准备了几个 WAT 测试用例，读者可以从随书源代码中找到。下面给出 8.2.2 节介绍过的阶乘程序的完整代码。

```
(module
  (start $main)
  (func $main (export "main")
    (call $assert_eq_i64 (call $fac (i64.const 25))
        (i64.const 7034535277573963776))
  )
  (func $assert_eq_i64 (param i64 i64)
    (if (i64.ne (local.get 0) (local.get 1))
      (then unreachable)
    )
  )
  ;; Iterative factorial without locals.
  (func $pick0 (param i64) (result i64 i64)
    (local.get 0) (local.get 0)
  )
  (func $pick1 (param i64 i64) (result i64 i64 i64)
    (local.get 0) (local.get 1) (local.get 0)
  )
  (func $fac (param i64) (result i64)
    (i64.const 1) (local.get 0)
    (loop $l (param i64 i64) (result i64)
      (call $pick1) (call $pick1) (i64.mul)
      (call $pick1) (i64.const 1) (i64.sub)
      (call $pick0) (i64.const 0) (i64.gt_u)
      (br_if $l)
      (drop) (return)
    )
  )
)
```

注意其中的 `assert_eq_i64()` 函数。在此之前，我们是通过导入的方式链接临时实现的断言函数的。现在既然已经支持 `unreachable` 指令，那么也可以在模块内部来实现这些断言函数。编译并测试这个文件，如果没有任何异常输出就证明代码运行无误。

```
$ cd code/go/ch08/wasm.go/
$ wat2wasm ../../../wat/ch08_fac.wat
$ go run wasm.go/cmd/wasmgo ch08_fac.wasm
```

8.4　本章小结

传统的 `goto/jump` 指令被 Wasm 摒弃，取而代之的是结构化控制指令（`block`、`loop`、`if`）和受限的分支指令（`br` 等）。这一设计使得 Wasm 字节码非常容易被验证，我们将在第 11 章深入探讨这一点。除了间接函数调用指令，我们已经实现了全部的 Wasm 指令。下一章将讨论表和间接函数调用指令，而且还会讨论本地函数调用。这一章只是介绍了控制指令的语义，并没有说明高级语言是如何使用这些指令实现各种控制结构的，第 12 章会专门讨论这一话题。

第 9 章　函数调用（下）

　　第 7 章初步介绍了 Wasm 函数调用机制和直接函数调用指令，本章将进一步介绍 Wasm 函数调用。本章内容主要分为两个部分：9.1 节将讨论本地函数并实现本地函数调用；9.2 节将讨论表和间接函数调用机制，并实现间接函数调用指令。

9.1　本地函数调用

　　我们在第 7 章已经讨论过，在 Wasm 模块内部可以调用的函数分为两种：导入的外部函数和模块内部定义的内部函数。按照实现语言，导入的外部函数又分为普通函数（表现为 Wasm 字节码）和本地函数（用本地语言实现）。为了便于描述，我们将代码为 Wasm 字节码的函数（无论它是从模块外部导入的还是在模块内部定义的）简称为 Wasm 函数，将外部导入的、使用本地语言实现的函数简称为**本地函数**。

　　这一节先简单介绍本地函数并定义本地函数接口，然后定义结构体统一表示本地函数和 Wasm 函数，最后实现本地函数的链接和调用。

9.1.1　本地函数介绍

　　我们已经知道，执行 Wasm 模块的是一台虚拟机。如果不借助外援，这台虚拟机的能力就非常有限了：它只能改变与模块实例相关联的状态。这些状态有些是无法被外部察觉的，比如操作数栈的状态、函数的局部变量值等。有些则是可以暴露给外部的，比如内存和全局变量值。虽然这些状态对于大部分的计算来说已经足够了，但也仅限于此，连最基本的打印操作也没办法进行。

为了突破虚拟机（以及基于虚拟机的高级语言）的能力限制，通常的做法是定义本地函数调用接口，让虚拟机可以调用本地语言（实现虚拟机本身所使用的语言）编写的函数。比如 Java 语言可以通过 JNI 接口调用 C/C++ 函数，Python、Ruby、Lua 等脚本语言也都有自己的方式调用本地函数。值得说明的是，由于本地函数调用接口和虚拟机的实现语言密切相关，所以通常都属于虚拟机实现细节。Wasm 也是这样，整个 Wasm 核心规范对于本地函数只字未提，如何调用本地函数完全取决于 Wasm 实现者。

除了可以扩展语言能力之外，本地函数调用接口还有一个很大的好处：使得重用本地语言编写的已有代码成为可能。不过对于 Wasm 来说，这点倒是次要的。Wasm 毕竟是为"嵌入"而设计的，能够使用宿主系统提供的函数才是最重要的功能。比如在浏览器中，Wasm 模块需要操纵 DOM 对象。

以上说明了在 Wasm 虚拟机内部调用本地函数的必要性。而另一个方向，让本地语言可以调用 Wasm 函数也是非常重要的。举个例子，我们可以使用 Wasm 来实现插件系统，插件可以用 C/C++/Rust 等语言编写，然后编译成 Wasm 模块，那么宿主系统自然是需要调用 Wasm 模块内定义的函数的。这一节我们先介绍本地函数调用，如何让本地语言方便地调用 Wasm 函数将留到下一章再介绍。Wasm 和宿主（Host）之间的函数调用关系如图 9-1 所示。

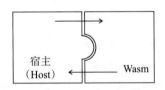

图 9-1　Wasm 和宿主相互调用示意图

如前所述，如何调用本地函数完全是由 Wasm 实现决定的。由于没有任何限制，所以实现方式有很多种，本节介绍 3 种实现方式。为了便于讨论，我们以一个简单的 i32 加法函数为例，给出它的各种实现，下面是这个加法函数的签名。

```
(module
  (import "env" "add_i32"
      (func $add_i32 (param i32 i32) (result i32))
  )
)
```

通过本地函数签名完全映射 Wasm 函数签名的方式，本地函数的参数数量和类型以及返回值的参数数量和类型，与 Wasm 函数是完全一致的。为了简化讨论，暂时先不考虑无符号整数的情况，那么 Wasm 的 4 种基本类型分别与 Go 语言的 4 种基本类型相对应。采用这种方式，add_i32() 函数的本地实现看起来应该是下面这样的。

```
func addI32(a, b int32) int32 { return a + b }
```

由于 Go 语言支持多返回值函数，所以这种方式是完全可行的。这种方式最大的好处就是本地函数写起来非常自然，对开发者很友好。缺点在于无法统一表示本地函数的签名，在虚拟机内部需要通过反射来调用本地函数，实现起来稍微有点复杂。

通过使用操作数栈传递参数和返回值的方式，虚拟机需要把操作数栈通过某种方式暴露给本地函数。因此，本地函数开发者也必须了解 Wasm 函数调用规则。和 Wasm 函数一样，在调用本地函数之前，参数就已经放在栈顶了。然后本地函数自己按顺序弹出这些操作数，执行逻辑，然后再把结果按顺序压栈。采用这种方式，add_i32() 函数的本地实现代码如下所示。

```
type GoFuc = func(WasmVM)
type WasmVM interface {
    PushI32(int32)
    PopI32() int32
    ... // 其他方法省略
}

func addI32(vm WasmVM) {
    b, a := vm.PopI32(), vm.PopI32()
    vm.PushI32(a + b)
}
```

Lua 语言就采用了这种方式，和第一种方式正好相反，这种方式对于虚拟机来说比较自然，实现起来也非常简单。缺点则是对本地函数编写者不太友好，由于需要自己处理参数和返回值，所以函数写起来很烦琐。

通过切片传递参数和返回值是一种折中方式，可以看作前两种方式的结合，结合了它们的优点。首先，由于使用切片表示函数和返回值，所以可以给出本地函数的统一签名。其次，无须将过多的 Wasm 内部细节（操作数栈和函数调用规则）暴露给本地函数。当然，本地函数还是需要知道 Wasm 基本类型是如何映射到本地语言的。最后，这种方式实现起来相对比较简单，本地函数写起来也不算麻烦。采用这种方式，add_i32() 函数的本地实现代码如下所示。

```
type WasmVal = interface{}
type GoFunc = func(args []WasmVal) []WasmVal

func addI32(args []WasmVal) []WasmVal {
    a := args[0].(int32)
    b := args[1].(int32)
    return []WasmVal{a + b}
}
```

从上面的代码可以看出，这种方式更像是一种妥协，由 Wasm 和本地函数各自承担一部分责任。Wasm 虚拟机负责参数的弹出和返回值的压入，本地函数进行参数和返回值的类型转换。调用本地函数的方式不止上面介绍的这 3 种，但是由于篇幅的限制，就不再继续讨论下去了。以上介绍的 3 种方式各有利弊，为了降低实现难度，本书将采用第 3 种实现方式。

9.1.2 统一两种函数

我们已经对 Wasm 函数和本地函数进行了足够细致的讨论，现在总结一下二者的异同之处。相同之处：都是函数，都可以被调用，都要（按照签名）从栈顶拿走参数并放回返回值。不同之处：Wasm 函数是在模块内部定义的，有自己的字节码；本地函数是从外部导入的，用本地语言编写。为了便于实现，有必要将二者统一起来。下面给出统一的函数结构体定义（在 interpreter/vm_func.go 文件里）。

```
type vmFunc struct {
    _type  binary.FuncType
    code   binary.Code
    goFunc GoFunc
}
```

对于 Wasm 函数，其类型可以通过函数段获得，代码可以从代码段获得。这两个字段都可以通过函数索引获取，不过也可以简化实现。对于本地函数（和其他外部函数，详见第 10 章），其类型在导入段中描述，实现则是在模块链接时给定。我们将在 9.1.4 节实现一个临时的简化版链接器，在第 10 章将详细介绍模块链接和实例化。为了便于使用，我们给 vmFunc 结构体定义两个构造函数，代码如下所示。

```
func newInternalFunc(ft binary.FuncType, code binary.Code) vmFunc {
    return vmFunc{_type: ft, code: code}
}
func newExternalFunc(ft binary.FuncType, gf GoFunc) vmFunc {
    return vmFunc{_type: ft, goFunc: gf}
}
```

准备好统一的函数结构体之后，就可以把它放进虚拟机结构体了，代码改动如下所示（9.1.4 节将讨论如何对新增字段进行初始化）。

```
type vm struct {
    ...              // 其他字段不变
    funcs []vmFunc // 新增加的字段（初始化逻辑见 9.1.4 节）
}
```

9.1.3　调用本地函数

调整完虚拟机结构体，下一步是修改函数调用指令。以前的实现只能调用内部函数，对导入的外部函数进行了特殊处理。既然内部函数和外部函数现在已经统一，那么可以把特殊处理的代码去掉了。call 指令实现函数的改动如下所示。

```
func call(vm *vm, args interface{}) {
    f := vm.funcs[args.(uint32)]
    callFunc(vm, f)
}

func callFunc(vm *vm, f vmFunc) {
    if f.goFunc != nil {
        callExternalFunc(vm, f)
    } else {
        callInternalFunc(vm, f)
    }
}
```

注意我们把具体的调用逻辑放在了 callFunc() 函数里，这个函数在后面还会用到。在这个函数里，我们首先判断要调用的是哪种函数。如果是 Wasm 函数，就和原来的逻辑是差不多的，只不过函数签名和代码已经被缓存起来了，直接就可以获得。

```
func callInternalFunc(vm *vm, f vmFunc) {
    vm.enterBlock(binary.Call, f._type, f.code.Expr)
    ... // 分配局部变量，代码不变
}
```

如果是外部或本地函数，是不需要创建调用帧的，只需要先根据函数签名把参数从栈顶弹出，然后调用本地函数，最后把返回值压栈即可，代码如下所示。

```
func callExternalFunc(vm *vm, f vmFunc) {
    args := popArgs(vm, f._type)
    results := f.goFunc(args)
    pushResults(vm, f._type, results)
}
```

参数和返回值的弹出和压入由 popArgs()/pushResults() 函数完成，代码如下所示（注意最先弹出的参数要放在最后）。

```
func popArgs(vm *vm, ft binary.FuncType) []interface{} {
    args := make([]interface{}, len(ft.ParamTypes))
    for i := len(ft.ParamTypes) - 1; i >= 0; i-- {
        args[i] = wrapU64(ft.ParamTypes[i], vm.popU64())
    }
    return args
}

func pushResults(vm *vm, ft binary.FuncType, results []interface{}) {
    for _, result := range results {
        vm.pushU64(unwrapU64(ft.ResultTypes[0], result))
    }
}
```

参数和返回值的包装和解包由 wrapU64()/unwrapU64() 函数完成，代码如下所示。

```
func wrapU64(vt binary.ValType, val uint64) interface{} {
    switch vt {
    case binary.ValTypeI32: return int32(val)
    case binary.ValTypeI64: return int64(val)
    case binary.ValTypeF32: return math.Float32frombits(uint32(val))
    case binary.ValTypeF64: return math.Float64frombits(val)
    default:                 panic(errors.New("unreachable"))
    }
}
```

```
func unwrapU64(vt binary.ValType, val interface{}) uint64 {
    switch vt {
    case binary.ValTypeI32: return uint64(val.(int32))
    case binary.ValTypeI64: return uint64(val.(int64))
    case binary.ValTypeF32: return uint64(math.Float32bits(val.(float32)))
    case binary.ValTypeF64: return math.Float64bits(val.(float64))
    default:                 panic(errors.New("unreachable"))
    }
}
```

假设某本地函数接收 3 个参数，返回两个值。如果忽略参数和返回值的类型，则调用本地函数时参数的弹出和返回值的压入如图 9-2 所示（方括号表示切片）。

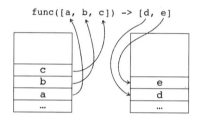

图 9-2　本地函数调用示意图

9.1.4　链接本地函数

现在还剩两个问题需要处理：第一，在哪里定义本地函数；第二，如何将定义好的本地函数导入模块内部。第一个问题比较简单，稍后给出答案，第二个问题则要到第 10 章才能完全解决。先来看第二个问题，这涉及内部函数和外部函数的初始化，我们把这一逻辑封装在虚拟机的 initFuncs() 方法里，代码如下所示。

```
func (vm *vm) initFuncs() {
    vm.linkNativeFuncs()
    for i, ftIdx := range vm.module.FuncSec {
        ft := vm.module.TypeSec[ftIdx]
        code := vm.module.CodeSec[i]
        vm.funcs = append(vm.funcs, newInternalFunc(ft, code))
    }
}
```

内部函数的初始化比较直观，只需要遍历函数段和类型段，创建内部函数实例并追加到 funcs 字段里。我们已经知道，外部函数和内部函数共享一个索引空间，外部函数在前，内部函数在后。所以在初始化内部函数之前，需要先把外部函数进行初始化。外部函数的初始化逻辑在 linkNativeFuncs() 方法里，代码如下所示。

```go
func (vm *vm) linkNativeFuncs() {
    for _, imp := range vm.module.ImportSec {
        if imp.Desc.Tag == binary.ImportTagFunc && imp.Module == "env" {
            ft := vm.module.TypeSec[imp.Desc.FuncType]
            switch imp.Name {
            case "print_char":
                vm.funcs = append(vm.funcs, newExternalFunc(ft, printChar))
                ... // assert_eq_i32() 等函数
            }
        }
    }
}
```

这是个临时方法，第 10 章就会把它删掉，换成正式的链接逻辑。回到第一个问题，在第 8 章结尾我们提到过，已经可以在模块里实现断言函数了，不过为了演示本地函数调用，这里还是用本地语言实现它们。除了断言函数，还新写了一个 print_char() 函数，这是下一小节执行"Hello, World!"程序需要的。这里不展示断言函数了，下面给出 print_char() 函数的代码（在 native.go 文件里）。

```go
func printChar(args []interface{}) []interface{} {
    fmt.Printf("%c", args[0].(int32))
    return nil
}
```

9.1.5　测试本节代码

现在，我们的 Wasm 虚拟机已经具备了本地函数调用能力，并且我们也准备好了 print_char() 函数，终于可以执行在第 1 章中用 Rust 语言写的那个"Hello, World!"程序了。不过在此之前，还有最后一件事要做：修改 ExecMainFunc() 函数，在里面加上函数初始化逻辑，代码改动如下所示。

```go
func ExecMainFunc(module binary.Module) {
    vm := &vm{module: module}
    vm.initMem()
    vm.initGlobals()
    vm.initFuncs() // 新增代码
    if module.StartSec != nil {
```

```
        call(vm, *module.StartSec)
    } else {
        call(vm, getMainFuncIdx(module)) // 新增代码
    }
    vm.loop()
}
```

由于 Rust 编译器没有给" Hello, World!"程序生成起始段，所以我们要自己从导出段中找到 main() 函数的索引，下面是 getMainFuncIdx() 函数的代码。

```
func getMainFuncIdx(module binary.Module) uint32 {
    for _, exp := range module.ExportSec {
        if exp.Desc.Tag == binary.ImportTagFunc && exp.Name == "main" {
            return exp.Desc.Idx
        }
    }
    panic("main func not found")
}
```

用下面的命令执行编译好的" Hello, World!"二进制模块，不出意外的话，应该能在控制台中看到这句著名的问候语了（激动）！

```
$ cd code/go/ch09/wasm.go/
$ go run wasm.go/cmd/wasmgo ../../../js/ch01_hw.wasm
Hello, World!
```

9.2　间接函数调用

上一节为了统一内部（Wasm）函数和外部（本地）函数，我们定义了 vmFunc 结构体。本节这个结构体也将派上用场，帮助我们实现表和间接函数调用。

9.2.1　间接函数调用介绍

我们已经知道，直接函数调用非常简单，要调用哪个函数是在编译期确定的。换句话说，被调用函数的索引硬编码在 call 指令的立即数中。间接函数调用则有所不同：在编译期只能确定被调用函数的类型（call_indirect 指令的立即数里存放的是被调用函数的类型索引），具体调用哪个函数只有在运行期间根据栈顶操作数才能确定。由于这个原因，我们也可以称直接函数调用为**静态调用**，称间接函数调用为**动态调用**。

如果把 call 指令和 br 指令放在一起比较就会发现，这两条指令有一定的相似之处：前者在立即数里存放了被调用函数索引，后者在立即数里存放了跳转标签索引。而 call_indirect 指令则和 br_table 指令有一定的相似之处：二者都要在运行时从栈顶弹出一个操作数，然后以此为索引，通过查表的方式决定具体操作。br_table 指令的查找表是硬编码在立即数里的，运行期间无法修改。call_indirect 指令的查找表则是独立存在的（目前每个模块可以有一张表），在运行期间可以从外部修改（已经有提案建议增加表操作指令，详见第 14 章）。

我们通过一个具体的例子来分析间接函数调用是如何工作的。下面这个 WAT 模块定义了一个函数类型、一张表，以及 4 个函数，代码如下所示。

```
(module
  (type $ft0 (func (param i64 i64) (result i64)))
  (table funcref (elem $add $sub $mul))

  (func $calc (param $a i64) (param $b i64) (param $op i32) (result i64)
    (local.get $a) (local.get $b) (local.get $op)
    (call_indirect (type $ft0))
  )

  (func $add (type $ft0) (i64.add (local.get 0) (local.get 1)))
  (func $sub (type $ft0) (i64.sub (local.get 0) (local.get 1)))
  (func $mul (type $ft0) (i64.mul (local.get 0) (local.get 1)))
)
```

在模块初始化之后，表里应该已经放好 3 个函数引用了（由内联的元素域指定）。假设现在正在执行 calc() 函数，且刚要执行 call_indirect 指令，此时虚拟机的状态如图 9-3 所示（只画了操作数栈、表、函数，没有体现其他无关状态）。

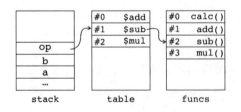

图 9-3 间接函数调用示意图

指令执行时，需要先从栈顶弹出一个 i32 类型的操作数（假设是 1），以此为索引查表就可以找到函数引用，继而找到并调用函数。图 9-3 中的箭头画出了这个查找方向。我们将在 9.2.3 节继续讨论间接函数调用指令，下面先定义好表结构体。

9.2.2 实现表

我们在前面的章节中已经介绍过，Wasm 表里存放的是元素。目前 Wasm 表支持的唯一元素类型是**函数引用**，已经有提案建议增加其他引用类型，第 14 章将介绍该提案。至于函数引用到底是什么，属于实现细节，Wasm 规范并没有规定。总之，只要能通过函数引用调用到函数就满足要求了。我们在前面已经定义好了 vmFunc 结构体，这就给表的实现提供了很大的便利。既然这个结构体可以统一表示各种 Wasm 函数，那正好可以把它当作函数引用。下面是表的结构体定义（在 interpreter/vm_table.go 文件里）。

```
type table struct {
    _type binary.TableType
    elems []vmFunc
}
```

现在问题来了，为什么不能直接用函数索引作为函数引用呢？如果函数引用只指向内部函数或者导入的外部函数，的确可以这样执行。但实际情况却没有这么简单。表是可以被导入或导出的，所以同一张表可以被多个模块操作。换句话说，对于某个模块来说，其表内函数引用指向的函数可能并不在该模块的函数集合（外部导入的函数＋内部定义的函数）之内。这一点在第 10 章讨论完模块的链接之后会变得更加清晰，图 9-4 描述了两个模块共享一张表的情况。

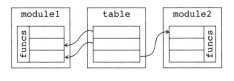

图 9-4 函数引用示意图

为了便于使用，我们给表结构体定义一个构造函数。在构造函数的内部，可以根据表的下限预先分配一些元素空间，代码如下所示。

```
func newTable(tt binary.TableType) *table {
    return &table{
        _type: tt,
```

```
    elems: make([]vmFunc, tt.Limits.Min),
  }
}
```

我们还需要给表结构体定义 Type()、Size() 和 Grow() 这 3 个方法（这些方法在后面会用到）。第一个方法直接返回表类型，比较简单，后两个方法和内存结构体（详见第 6 章）的相应方法是类似的，这里就不详细展示了。表结构体的最后两个方法用于按索引读写元素，代码也比较简单，如下所示（省略了边界检查逻辑）。

```
func (t *table) GetElem(idx uint32) vmFunc {
    return t.elems[idx] // 需要检查边界
}
func (t *table) SetElem(idx uint32, elem vmFunc) {
    t.elems[idx] = elem // 需要检查边界
}
```

9.2.3 初始化表

表结构体已经准备就绪，现在可以把它添加到虚拟机结构体了，代码改动如下所示。

```
type vm struct {
    ...            // 其他字段不变
    table *table // 新增加的字段
}
```

我们已经知道，内存的初始数据在二进制模块的数据段里。类似地，表的初始数据是在二进制模块的元素段里。表的初始化逻辑和内存初始化逻辑也是相似的，我们把它封装在 initTable() 方法里，代码如下所示。

```
func (vm *vm) initTable() {
    if len(vm.module.TableSec) > 0 {
        vm.table = newTable(vm.module.TableSec[0])
    }
    for _, elem := range vm.module.ElemSec {
        for _, instr := range elem.Offset {
            vm.execInstr(instr)
        }
        offset := vm.popU32()
        for i, funcIdx := range elem.Init {
            vm.table.SetElem(offset+uint32(i), vm.funcs[funcIdx])
        }
    }
}
```

这个方法和 initMem() 方法很像，就不过多解释了，只要注意如何通过元素段给定的函数索引得到函数引用，以及如何设置表的元素就可以了。把这个方法放进 ExecMainFunc() 函数（一定要先把函数初始化好再初始化表），代码改动如下所示。

```go
func ExecMainFunc(module binary.Module) {
    vm := &vm{module: module}
    vm.initMem()
    vm.initGlobals()
    vm.initFuncs()
    vm.initTable() // 新增加的代码
    ...            // 其他代码不变
}
```

9.2.4　call_indirect 指令

到这里，我们终于把实现间接函数调用指令所需要的准备工作都做好了。该指令从栈顶弹出一个 i32 类型的操作数，查表找到函数引用，然后调用函数。结合 9.2.1 节的例子，如图 9-5 所示是 call_indirect 指令（操作码 0x11）的示意图。

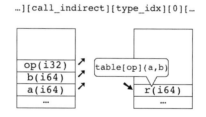

图 9-5　call_indirect 指令示意图

由于被调用函数是在指令执行时才确定的，所以在调用函数之前，必须先检查它的签名。当通过表和函数引用得到函数之后，剩下的逻辑就和直接函数调用一样了，下面是 call_indirect 指令的伪代码。

```
ft = types[arg]
f = funcs[pop()]
assert(ft == f.type) // check type
aN, ..., a3, a2, a1 = pop(), ...
r1, r2, r3, ..., rM = f(a1, a2, a3, ..., aN)
push(r1, r2, r3, ..., rM)
```

下面是 `call_indirect` 指令的实现代码,其实大部分是错误处理逻辑,真正的函数调用逻辑由前面实现的 `callFunc()` 函数完成。

```go
func callIndirect(vm *vm, args interface{}) {
    i := vm.popU32()
    if i >= vm.table.Size() { panic(errors.New("undefined element")) }
    f := vm.table.GetElem(i)

    typeIdx := args.(uint32)
    ft := vm.module.TypeSec[typeIdx]
    if f._type.GetSignature() != ft.GetSignature() {
        panic(errors.New("indirect call type mismatch"))
    }

    callFunc(vm, f)
}
```

9.2.5 测试本节代码

到这里,所有的 Wasm 指令都已经实现了。接下来我们修改指令表,把间接函数调用指令添加进去,然后完善 9.2.1 节的例子,给它添加 `main()` 函数。下面是完整的测试代码(在 code/wat/ch09_calc.wat 文件里)。

```wat
(module
  (import "env" "assert_eq_i64" (func $assert_eq_i64 (param i64 i64)))
  (type $ft0 (func (param i64 i64) (result i64)))
  (table funcref (elem $add $sub $mul))

  (start $main)
  (func $main (export "main")
    (call $assert_eq_i64 (i64.const 5)
        (call $calc (i64.const 3) (i64.const 2) (i32.const 0))) ;; add
    (call $assert_eq_i64 (i64.const 1)
        (call $calc (i64.const 3) (i64.const 2) (i32.const 1))) ;; sub
    (call $assert_eq_i64 (i64.const 6)
        (call $calc (i64.const 3) (i64.const 2) (i32.const 2))) ;; mul
  )

  (func $calc (param $a i64) (param $b i64) (param $op i32) (result i64)
    (local.get $a) (local.get $b) (local.get $op)
    (call_indirect (type $ft0))
  )
```

```
    (func $add (type $ft0) (i64.add (local.get 0) (local.get 1)))
    (func $sub (type $ft0) (i64.sub (local.get 0) (local.get 1)))
    (func $mul (type $ft0) (i64.mul (local.get 0) (local.get 1)))
)
```

编译并测试这个文件，如果没有任何异常输出就证明代码运行无误。

```
$ cd code/go/ch09/wasm.go/
$ wat2wasm ../../../wat/ch09_calc.wat
$ go run wasm.go/cmd/wasmgo ch09_calc.wasm
```

9.3　本章小结

　　这一章讨论了两个主题：本地函数调用和间接函数调用。我们首先设计了本地函数调用接口，实现了本地函数调用，然后实现了表和间接函数调用指令。本地函数只是外部函数的特例，外部函数又是 4 种可链接元素中的一种。下一章将深入讨论模块的链接和实例化过程。目前，表和间接函数调用指令最主要的作用是帮助 C/C++/Rust 等语言实现函数指针等特性（未来会有更多的用处），我们将在第 12 章探讨各种高级语言是如何翻译成底层 Wasm 指令的。

第 10 章　链接和实例化

第 9 章介绍了本地函数调用和间接函数调用，我们已经掌握了全部的 Wasm 指令，并且实现了一个功能较为完备的 Wasm 虚拟机。本章将进一步打磨这台虚拟机，对它做两方面的改进：第一，把虚拟机的核心状态，也就是执行中模块的核心要素（函数、表、内存和全局变量）通过定义良好的接口暴露给外部，目的是从外部可以访问这些项目；第二，实现模块链接，让函数、表、内存和全局变量可以在模块实例间共享。

10.1　定义实例接口

在前面的章节中，我们主要站在虚拟机的内部讨论 Wasm 模块的执行。在这一节，我们从使用者的角度看看虚拟机应该具备哪些能力。让我们先来总结一下到目前为止已经讨论过的一些知识点。

1. 模块格式

Wasm 模块主要有 4 种表现形式：文本格式、二进制格式、内存表示和模块实例。文本格式相当于汇编语言程序，可以由编译器编译成二进制格式。二进制格式精确描述了模块的整体结构和各种细节信息，与 Wasm 实现无关。内存表示是模块加载到内存之后的表现，与 Wasm 实现相关。模块实例承载模块在运行期间的各种状态，如果把模块的内存表示想象成面向对象语言中的"类"，那么模块实例就相当于"对象"。

2. 语义阶段

模块从二进制格式到最终执行分为 3 个语义阶段：解码、验证、执行，执行阶段又可以分为实例化和调用两个小阶段。解码阶段将二进制模块解码为内存表示，验证阶段对模块进行严格的验证，实例化阶段根据模块内存创建并准备好模块实例，然后就可以调用模块的公开函数了。我们已经在第 2 章和第 3 章详细讨论了模块解码，然后花了大量篇幅讨论如何在模块内部执行函数。模块的验证阶段将在第 11 章进行讨论。

3. 模块成员

虽然说二进制模块包含了大量信息，但只有函数、表、内存、全局变量这 4 种项目是至关重要的，其他皆为辅助信息。对于模块实例，我们称这 4 种项目为模块的成员。二进制模块在导入和导出段中描述了如何导入或导出这 4 种成员，根据这些信息可以将多个模块实例链接起来，共享成员，从而完成复杂的任务。开发一个复杂的单一程序是非常难的，分而治之会容易很多。Wasm 通过模块和链接对模块化开发提供内置支持。

根据以上这些知识点，可以给出模块实例的接口定义，代码如下所示（在 instance/module.go 文件里）。注意这个接口完全属于我们的实现细节，Wasm 核心规范只要求模块实例能够根据导出和导入信息被链接在一起，至于如何做是 Wasm 实现自己的事情。

```
type Module interface {
    GetMember(name string) interface{}
    InvokeFunc(name string, args ...WasmVal) ([]WasmVal, error)
    GetGlobalVal(name string) (WasmVal, error)
    SetGlobalVal(name string, val WasmVal) error
}
```

从本质上讲，模块的实例就是 4 种成员的容器，从外部可以根据名字获取公开的成员。因此，上面的接口只有第一个方法是必须的，其他 3 个只是为了方便使用添加的辅助方法。所谓公开的成员，是指模块导出段中明确列出的成员。其他成员是隐藏在模块内部的，对外不可见。这类似于面向对象语言中的封装。GetMember() 方法的返回值只能是 4 种成员之一，下面给出它们的接口定义。

1. 函数

函数有自己的签名，可以被调用。在第 9 章我们讨论本地函数时，使用切片类型统一表示函数的参数和返回值。为了更方便使用，这里我们将参数改成 vararg 形式（用 3 个点号表示），下面是函数成员的接口定义。

```
type WasmVal = interface{}
type Function interface {
    Type() binary.FuncType
    Call(args ...WasmVal) ([]WasmVal, error)
}
```

2. 表

表有自己的类型（元素类型和上下限），从外部可以获取并增加元素容量，可以按索引访问或设置元素（目前只能是函数引用），下面是表成员的接口定义。

```
type Table interface {
    Type() binary.TableType
    Size() uint32
    Grow(n uint32)
    GetElem(idx uint32) Function
    SetElem(idx uint32, elem Function)
}
```

3. 内存

内存有自己的类型（页数上下限），从外部可以获取并增加内存页数，可以按地址批量读写数据，下面是内存成员的接口定义。

```
type Memory interface {
    Type() binary.MemType
    Size() uint32 // page count
    Grow(n uint32) uint32
    Read(offset uint64, buf []byte)
    Write(offset uint64, buf []byte)
}
```

4. 全局变量

全局变量也有自己的类型（值类型和可变性），从外部可以获取和修改全局变量值

（如果可变性为真），下面是全局变量成员的接口定义。

```
type Global interface {
    Type() binary.GlobalType
    GetAsU64() uint64      // 内部使用
    SetAsU64(val uint64) // 内部使用
    Get() WasmVal
    Set(val WasmVal)
}
```

注意我们给全局变量接口定义了两套Get()/Set()方法，其中 GetAsU64()/
SetAsU64() 方法主要是内部使用的，Get()/Set() 方法和其他接口更加一致，供外
部使用。

10.2　实现实例接口

虚拟机、函数、表、内存、全局变量的结构体都已经在前面的章节定义好了。其中
内存结构体满足 Memory 接口，无须修改。其他 4 个结构体只要稍加改造就可以满足上
面定义的相应接口，下面一一介绍。

10.2.1　函数

为了实现 Function 接口，需要对 vmFunc 结构体做两处改动：第一，在第 9 章临
时定义了一个 GoFunc 类型，存放在 goFunc 字段里，现在可以把它换成 Function 接
口了。相应地，把字段也改名为 _func。第二，为了实现 Call() 方法，需要新增一个
字段，用于存放 vm 结构体指针，代码改动如下所示。

```
type vmFunc struct {
    _type binary.FuncType
    code  binary.Code
    _func instance.Function // 有变化的字段
    vm    *vm               // 新增加的字段
}
```

只有内部函数才需要虚拟机结构体指针，所以 newInternalFunc() 函数也要跟
着改一下，添加一个参数传入 vm 结构体指针。具体改动较为简单，这里就不展示了，下
面请看 Call() 方法的代码。

```
func (f vmFunc) Call(args ...WasmVal) ([]WasmVal, error) {
    if f._func != nil {
        return f._func.Call(args...)
    }
    return f.safeCall(args)
}
```

如果是外部函数，直接调用它的 Call() 方法就可以了。如果是内部函数，则调用
safeCall() 方法执行该函数。由于内部函数在执行时可能会出现各种异常（详见第 11
章），所以必须进行妥善处理，下面是 safeCall() 方法的代码。

```
func (f vmFunc) safeCall(args []WasmVal) (results []WasmVal, err error) {
    defer func() {
        if _err := recover(); _err != nil {
            switch x := _err.(type) {
            case error: err = x
            default: panic(err)
            }
        }
    }()

    results = f.call(args)
    return
}
```

这个做法我们在第 2 章实现二进制模块解码器时也用过，这里就不多解释了。最终
真正执行内部函数调用逻辑的是 call() 方法，代码如下所示。

```
func (f vmFunc) call(args []interface{}) []interface{} {
    pushArgs(f.vm, f._type, args)
    callFunc(f.vm, f)
    if f._func == nil { f.vm.loop() }
    return popResults(f.vm, f._type)
}
```

我们在前一章讨论了如何从虚拟机内部调用外部函数，现在要从外部调用虚拟机内
部函数，所以逻辑正好反过来。注意之前实现的 callFunc() 函数只是创建了一个新的
调用帧，所以必须显示调用虚拟机的 loop() 方法触发指令循环。下面是 pushArgs()
和 popResults() 函数的代码。

```
func pushArgs(vm *vm, ft binary.FuncType, args []interface{}) {
    for i, vt := range ft.ParamTypes {
```

```
        vm.pushU64(unwrapU64(vt, args[i]))
    }
}
func popResults(vm *vm, ft binary.FuncType) []interface{} {
    results := make([]interface{}, len(ft.ResultTypes))
    for n := len(ft.ResultTypes) - 1; n >= 0; n-- {
        results[n] = wrapU64(ft.ResultTypes[n], vm.popU64())
    }
    return results
}
```

假设某个内部函数接收 3 个参数，返回两个值。如果忽略参数和返回值的类型，从外部调用该函数时参数的压入和返回值的弹出如图 10-1 所示。

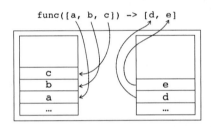

图 10-1 从外部调用模块函数示意图

相比 Call() 方法，Type() 方法的实现就太简单了，直接返回函数类型即可，这里就不展示代码了。Go 语言使用了 "鸭子" 类型系统（Duck Typing），只要结构体实现了某个接口声明的全部方法，那么就实现了该接口。至此，函数结构体就改造完毕了。

10.2.2 表

在前一章实现表结构体时，还没有定义 Function 接口，所以 elems 字段临时定义为 vmFunc 结构体切片。现在可以把它换成 Function 切片了，代码改动如下所示。

```
type table struct {
    _type binary.TableType
    elems []instance.Function // 修改类型
}
```

相应的，Grow、GetElem 和 SetElem 等方法也要跟着变化，不过改动都很简单，这里就不做展示了。这几个方法改完之后，表结构体自然也满足 Table 接口。

10.2.3　全局变量

全局变量结构体需要实现 `Get()` 和 `Set()` 这两个方法，用我们在第 9 章准备好的 `wrapU64()` 和 `unwrapU64()` 函数实现起来很简单，代码如下所示。

```
func (g *globalVar) Get() instance.WasmVal {
    return wrapU64(g._type.ValType, g.val)
}
func (g *globalVar) Set(val instance.WasmVal) {
    g.val = unwrapU64(g._type.ValType, val)
}
```

到这里，函数、表、内存、全局变量都已经满足上面定义的接口了。为了便于在外部创建实例，我们可以给表、内存和全局变量各自增加一个公开的构造函数。读者可以从随书源代码中找到这些构造函数，这里就不展示代码了。

10.2.4　虚拟机

10.2 节的最后一步是让虚拟机结构体实现 `Module` 接口。其实有了前面的准备工作，这一步就是水到渠成的事了。首先，我们要把虚拟机结构体的 `table`、`memory` 和 `globals` 这 3 个字段修改成前面定义好的接口类型，改动如下所示。

```
type vm struct {
    ...                             // 其他字段不变
    table    instance.Table    // 改成接口类型
    memory   instance.Memory   // 改成接口类型
    globals  []instance.Global // 改成接口切片
}
```

然后就可以实现最重要的 `GetMember()` 方法了，代码如下所示（本书的代码并不追求效率，每次遍历查找即可）。

```
func (vm *vm) GetMember(name string) interface{} {
    for _, exp := range vm.module.ExportSec {
        if exp.Name == name {
            idx := exp.Desc.Idx
            switch exp.Desc.Tag {
            case binary.ExportTagFunc:  return vm.funcs[idx]
            case binary.ExportTagTable: return vm.table
            case binary.ExportTagMem:   return vm.memory
```

```
            case binary.ExportTagGlobal: return vm.globals[idx]
            }
        }
    }
    return nil
}
```

其他 3 个方法都可以通过 GetMember() 方法实现，下面以 InvokeFunc() 方法为例，代码如下所示。

```
func (vm *vm) InvokeFunc(name string, args ...WasmVal) ([]WasmVal, error) {
    m := vm.GetMember(name)
    if m != nil {
        if f, ok := m.(instance.Function); ok {
            return f.Call(args...)
        }
    }
    return nil, fmt.Errorf("function not found: " + name)
}
```

10.3 实例化模块

模块的实例化大致可以分为 3 个步骤：链接导入的项目、分配并初始化内部定义的项目、执行起始函数。

其实在前面的章节中，我们已经完成了实例化阶段很大一部分工作，包括：分配函数空间，分配并初始化表、内存和全局变量。不过这些工作都只是针对模块内部定义的成员展开的，对于导入的项目，要么就是忽略（表、内存、全局变量），要么就是特殊处理（函数）。现在时机已经成熟，可以正式实现模块的实例化了。我们在 interpreter 包里定义一个 New() 函数，用来创建模块实例，代码如下所示。

```
func New(m binary.Module, mm map[string]instance.Module,
        ) (inst instance.Module, err error) {
    defer func() {
        if _err := recover(); _err != nil {
            switch x := _err.(type) {
            case error: err = x
            default: panic(err)
            }
        }
    }()
```

```
        inst = newVM(m, mm)
        return
    }
```

该函数接收两个参数。第一个参数是解码后的模块；第二个参数是一个映射表，键
是模块名，值是模块的实例。你还记得吗？二进制模块的导入项给定了模块名，用这个
模块名查找映射表即可找到模块实例，然后通过模块实例进一步查到导出的成员。因为
在模块的实例化过程中可能会出现各种问题（比如找不到模块实例或者成员、类型不匹
配、起始函数执行出错等等），为了简化代码，我们仍然使用 panic-recover 机制进行统一
处理。真正的模块实例化逻辑在 newVM() 函数里，代码如下所示。

```
func newVM(m binary.Module, mm map[string]instance.Module) *vm {
    vm := &vm{module: m}
    vm.linkImports(mm)
    vm.initFuncs()
    vm.initTable()
    vm.initMem()
    vm.initGlobals()
    vm.execStartFunc()
    return vm
}
```

新的 newVM() 函数和原来的 ExecMainFunc() 函数很像，最主要的变化是增加
了链接逻辑，并且换了新的起始函数执行逻辑。之前的 ExecMainFunc() 函数没有用
了，删掉就可以了。由于函数、表、内存、全局变量的索引空间都是导入的成员在最前
面，所以我们需要最先处理链接逻辑，下面是 linkImports() 方法的代码。

```
func (vm *vm) linkImports(mm map[string]instance.Module) {
    for _, imp := range vm.module.ImportSec {
        if m := mm[imp.Module]; m == nil {
            panic(fmt.Errorf("module not found: " + imp.Module))
        } else {
            vm.linkImport(m, imp)
        }
    }
}
```

该方法遍历模块的导入项，依次链接每一个导入元素。下面是 linkImport() 方
法的代码（省略了错误处理逻辑）。

```go
func (vm *vm) linkImport(m instance.Module, imp binary.Import) {
    exported := m.GetMember(imp.Name)
    switch x := exported.(type) {
    case instance.Function: vm.funcs = append(vm.funcs,
            newExternalFunc(x.Type(), x))
    case instance.Table:    vm.table = x
    case instance.Memory:   vm.memory = x
    case instance.Global:   vm.globals = append(vm.globals, x)
    }
}
```

函数、表、内存、全局变量的初始化方法没有变化。当所有的成员都完成初始化之后，就可以执行起始函数了（如果有），下面是 execStartFunc() 方法的代码。

```go
func (vm *vm) execStartFunc() {
    if vm.module.StartSec != nil {
        idx := *vm.module.StartSec
        vm.funcs[idx].call(nil)
    }
}
```

至此，New() 函数就准备好了。这个函数是为模块加载器准备的。宿主环境需要实现模块加载器，而模块的名字也是由加载器决定的。为了测试本章代码，我们将在下一节实现一个简单的加载器。

10.4　本章效果

在前面的章节中，我们一直使用某种作弊的方式给模块实例"注入"断言和打印函数。在这一节，我们将实现本地模块，让这些本地函数有一个正式的归属。实现思路非常简单：用 Go 语言写一个结构体，它可以注册本地函数、表、内存和全局变量，并且满足 Module 接口。用 Go 语言内置的 map 类型是最自然的实现方式，核心代码如下所示（在 instance/native_module.go 文件中）。

```go
type nativeModule struct {
    exported map[string]interface{}
}

func NewNativeInstance() nativeModule {
    return nativeModule{ exported: map[string]interface{}{} }
```

```
}

func (nm nativeModule) Register(name string, x interface{}) {
    nm.exported[name] = x
}
func (nm nativeModule) GetMember(name string) interface{} {
    return nm.exported[name]
}
```

如果不考虑错误处理，InvokeFunc()、GetGlobalVal() 和 SetGlobalVal()
这 3 个方法也很简单，代码如下所示。

```
func (nm nativeModule) InvokeFunc(name string,
                                  args ...WasmVal) ([]WasmVal, error) {
    return nm.exported[name].(Function).Call(args...)
}
func (nm nativeModule) GetGlobalVal(name string) (WasmVal, error) {
    return nm.exported[name].(Global).Get(), ni
}
func (nm nativeModule) SetGlobalVal(name string, val WasmVal) error {
    nm.exported[name].(Global).Set(val); return nil
}
```

我们为虚拟机实现的表、内存和全局变量结构体已经满足 Table、Memory 和
Global 接口了，并且没有和虚拟机紧密绑定，可以直接复用。但是 vmFunc 结构体包
含了 vm 指针，所以没办法复用。不过单独实现 Function 接口也很简单，定义一个结
构体把本地函数包起来即可，代码如下所示（在 instance/native_function.go 文件中）。

```
type nativeFunction struct {
    t binary.FuncType
    f GoFunc
}

func (nf nativeFunction) Type() binary.FuncType {
    return nf.t
}
func (nf nativeFunction) Call(args ...WasmVal) ([]WasmVal, error) {
    return nf.f(args)
}
```

为了便于使用，我们再给 nativeModule 添加一个 RegisterFunc() 方法，代
码如下所示。

```go
func (nm nativeModule) RegisterFunc(nameAndSig string, f GoFunc) {
    name, sig := parseNameAndSig(nameAndSig)
    nm.exported[name] = nativeFunction{t: sig, f: f}
}
```

这里不介绍 parseNameAndSig() 函数了，读者可以参考随书源代码自行了解。定义好本地模块后，继续创建它的实例，并把之前写的本地函数都注入进来。我们把本地模块的实例化逻辑放在 newEnv() 函数里，代码如下所示（在 cmd/wasmgo/native.go 文件中）。

```go
func newEnv() instance.Module {
    env := instance.NewNativeInstance()
    env.RegisterFunc("print_char(i32)->()", printChar)
    env.RegisterFunc("assert_true(i32)->()", assertTrue)
    env.RegisterFunc("assert_false(i32)->()", assertFalse)
    env.RegisterFunc("assert_eq_i32(i32,i32)->()", assertEqI32)
    env.RegisterFunc("assert_eq_i64(i64,i64)->()", assertEqI64)
    env.RegisterFunc("assert_eq_f32(f32,f32)->()", assertEqF32)
    env.RegisterFunc("assert_eq_f64(f64,f64)->()", assertEqF64)
    return env
}
```

把前面实现的打印和断言函数也都放入 newEnv() 所在的文件，然后修改签名，增加一个 error 类型的返回值。以 printChar() 为例，代码如下所示。

```go
func printChar(args []interface{}) ([]interface{}, error) {
    fmt.Printf("%c", args[0].(int32))
    return nil, nil
}
```

最后还需要修改 main() 函数（在 cmd/wasmgo/main.go 文件中），把原来对 ExecMainFunc() 函数的调用换成下面这个函数。

```go
func instantiateAndExecMainFunc(module binary.Module) {
    mm := map[string]instance.Module{"env": newEnv()}
    m, err := interpreter.New(module, mm)
    if err == nil { _, err = m.InvokeFunc("main") }
    if err != nil {
        fmt.Println(err.Error())
        os.Exit(1)
    }
}
```

用下面的命令执行第 1 章编译好的 "Hello, World!" 程序，测试本章代码。

```
$ cd code/go/ch10/wasm.go/
$ go run wasm.go/cmd/wasmgo ../../../js/ch01_hw.wasm
Hello, World!
```

10.5　本章小结

模块从二进制格式到函数执行分为 3 个语义阶段：解码、验证、执行（包括实例化和函数调用阶段）。模块可以导出或导入 4 种项目：函数、表、内存、全局变量，多个模块实例链接在一起，共享这 4 种成员。在这一章，我们讨论了模块的链接和实例化。到此，解码和执行阶段已经全部介绍完毕。在下一章，我们将详细讨论验证阶段。另外，到目前为止，我们一直在尽量回避解码和执行阶段可能出现的各种问题，下一章将统一分析这些错误。

第 11 章 错误处理和验证

本书第三部分（第 5 ～ 11 章）主要围绕 Wasm 虚拟机和指令集展开讨论。在第 5 章，我们讨论了操作数栈以及参数和数值指令。在第 6 章，我们讨论了内存和相关指令。在第 7 章，我们讨论了直接函数调用和变量指令。在第 8 章，我们讨论了结构化控制和跳转指令。在第 9 章，我们讨论了表和间接函数调用指令，并且讨论了本地函数调用。在第 10 章，我们讨论了模块的链接和实例化。

为了突出重点，在前面的章节中，我们忽略了大部分可能出错的情况，这一章将对这些问题进行梳理。基于同样的原因，我们此前一直假设模块的结构以及函数的指令是完全合法的。对于可以下载执行任意二进制模块的环境（比如浏览器）来说，这个假设显然是不可靠的，这一章将介绍如何通过验证来确保模块是结构良好的。

本章内容主要分为两个部分。首先，我们将整理 Wasm 模块在解码、链接、初始化、函数执行等各个阶段可能会出现的异常情况。然后，我们将详细讨论如何在执行代码之前对 Wasm 模块进行静态分析，并重点介绍函数字节码的验证逻辑。

11.1 各种错误

我们已经知道，Wasm 模块从二进制格式到最终执行函数要经历 3 个主要阶段：解码、验证、执行（包括实例化和函数调用阶段）。为了便于描述，我们将这几个阶段中可能出现的错误和异常情况分为下面这 4 种。

1. 解码错误

在解码阶段就可以发现的各种明显错误，比如文件格式错误（无效的魔数）、版本号不匹配、数据损坏、LEB128 解码错误等等。这类错误将在 11.1.1 节具体介绍。

2. 验证错误

在验证阶段可以被发现的各种错误，比如模块在整体结构上可能存在的一些问题，以及最重要的字节码验证错误。我们将在 11.1.2 节讨论结构错误，然后在 11.3 节详细讨论字节码验证逻辑。

3. 实例化错误

在实例化阶段可能会出现的各种错误，比如链接错误，表、内存、全局变量初始化错误，起始函数执行错误等等。这类错误将在 11.1.3 节具体介绍。

4. 运行时错误

在函数运行阶段可能会出现的各种错误，比如除零错误、内存访问越界、堆栈溢出等。实际上，起始函数执行错误也可以归到这一类里，不过从语义角度把它归为实例化错误。运行时错误将在 11.1.4 节介绍。

11.1.1 解码错误

解码阶段将二进制模块反序列化为内存表示，通过这一过程可以发现很多明显的错误，一旦发现错误，可以立即终止解码。解码错误包括以下几点。

1. 格式不匹配

二进制数据的魔数（前 4 个字节）和 Wasm 规范规定的不相符，说明该数据不是一个

Wasm 二进制模块。

2. 版本不支持

二进制模块的版本号（跟在魔数后面的 4 个字节）和 Wasm 实现所支持的版本号不匹配，则无法正常解析或执行该模块。

3. 数据不正常

所有的段都是以 ID 和内容字节数开头的，如果某个段实际内容的字节数和其开头描述的不一致，说明这个段的数据有问题。如果解码完所有段还有多余数据，说明模块本身有问题。

4. 段顺序错乱

除了自定义段，其他段在二进制模块中必须按顺序出现，且最多只能出现一次，如果发现段 ID 未定义、重复、错乱，则说明模块有问题。

5. 枚举值错误

诸如值类型、全局变量的可变性、表的元素类型、导入和导出描述的 tag 等，都只有少数几个可能的值，如果超出范围，则说明模块数据有问题。

6. 变长整数解码错误

为了尽量减少二进制模块的字节数，二进制格式在很多地方存储了 LEB128 编码后的整数，如果解码这些整数时出现错误，则说明模块数据有误。

7. 字符串解码错误

导入和导出项目中的模块名 / 成员名、自定义段的名字等存放的是 UTF-8 编码后的字符串，如果这些数据不符合 UTF-8 规范，则说明模块数据有问题。

8. 函数和代码错误

如果函数段和代码段的项目数量不一致，说明模块数据有问题。如果解码函数代码时遇到未定义的操作码，或结构化控制指令未正常闭合的情况，则说明函数的字节码有问题。

9. 表达式错误

元素和数据段的偏移量、全局变量的初始值是由常量表达式（只能包含常量指令）指定的，如果解码表达式时出错则说明其所在的段有问题。

以上没有覆盖全部解码错误，完整解码错误检查逻辑请参考随书源代码。注意，Wasm 二进制格式被设计为"可流式"处理，所以完全有可能一遍（One-pass）完成解码、验证和编译阶段（这里指 JIT 或者 AOT 编译）。不过为了让代码更容易理解，本书还是将它们分成了不同的阶段进行讲解。

11.1.2 结构错误

为了保持代码简洁，解码阶段尽量只检查明显的格式问题，其他错误可以在验证阶段发现。验证阶段要做两项检查：第一，确保模块整体结构良好；第二，确保函数字节码行为良好。这一小节我们重点来讨论模块的整体结构，字节码的验证留到 11.3 节再讨论。表 11-1 按段 ID 递增的顺序列出了各个段的验证规则。

表 11-1　段验证规则

段 ID	段	验证规则
0	自定义段	自定义段的数据可以完全忽略
1	类型段	函数类型无须特别检查
2	导入段	如果导入的是函数，类型索引有效；最多只能导入一张表，且类型有效（详见后文）；最多只能导入一块内存，且类型有效（详见后文）
3	函数段	函数类型索引有效
4	表段	如果已经导入表，则不允许有表段；否则，只能定义一张表，且类型有效（详见后文）
5	内存段	如果已经导入内存，则不允许有内存段；否则，只能定义一块内存，且类型有效（详见后文）
6	全局段	全局项的初始值表达式有效（详见后文）
7	导出段	导出项的导出名唯一，且索引有效
8	起始段	函数索引有效，且函数类型有效（不能有参数或返回值）
9	元素段	元素项的表索引必须为 0，偏移量表达式有效（详见后文），且列出的函数索引有效
10	代码段	代码数量和函数数量一致，且字节码有效（详见 11.3 节）
11	数据段	内存索引必须为 0，偏移量表达式有效（详见后文）

这里只补充介绍一下表和内存类型，以及常量表达式的验证规则。其他细节就不一一展开讨论了，完整的结构检查逻辑请查阅 Wasm 规范第 3 章，或者参考本章随书源代码。

对于表和内存类型，要检查其限制是否有效：第一，如果给定了上限，那么上限不能小于下限；第二，如果是内存类型，上限不能超过 2^{16}，如果是表，上限不能超过 2^{32}。目前模块只能导入或者定义一张表或一块内存，表的元素类型必须是函数引用，内存的页数上限如前所述。已经有提案建议放开这些限制，详见第 14 章。

表和内存项使用表达式指定表或内存偏移量，全局项使用表达式指定全局变量初始值，这 3 处所使用的是特殊的常量表达式，其中所有指令只能是 4 种常量指令，或 `global.get` 指令。对于表和内存偏移量，表达式的结果必须是 i32 类型。对于全局变量，表达式的结果必须和全局变量的类型一致。

11.1.3　实例化错误

我们将模块实例化过程中可能出现的错误分为两种：链接错误和初始化错误。链接阶段进行符号引用解析，假设模块 A 导入了模块 B 的某成员，那么链接时可能出现以下 3 种问题。

1. 找不到模块

无法根据给定的模块名找到模块 B 的定义，或者无法正常实例化模块 B。

2. 找不到成员

无法根据给定的成员名在模块 B 的实例中找到该成员（未定义或者不可见）。

3. 类型不匹配

找到的成员类型不匹配，比如函数的签名不一致，表或内存的限制不一致，全局变量的类型或可变性不一致等。

初始化阶段对表、内存和全局变量进行初始化，然后执行起始函数（如果有）。可能出现的错误包括：内存地址越界、表索引越界、起始函数执行错误等，这里就不展开介绍这些错误了。其中起始函数也是普通函数（没有参数和返回值），其执行过程中可能出现的错误将在 11.1.4 节进行介绍，其他初始化错误可以参考随书源代码。

11.1.4　运行时错误

模块实例化之后，就可以调用其导出的函数了。我们将函数在执行过程中可能出现的错误称为运行时错误，这些错误主要是由某些指令引发的，表 11-2 对此进行了总结。

表 11-2　运行时错误表

指令类型	指　令	错　误
控制指令	unreachable	由 Wasm 程序主动产生错误
	call	调用栈溢出
	call_indirect	调用栈溢出，函数类型不匹配
内存指令	load/store	内存地址越界
数值指令	i32/i64.div_s	除零错误，整数溢出
	i32/i64.div_u	除零错误
	i32/i64.rem_s/u	除零错误
	i32/i64.trunc_...	整数溢出，无法转换

更多运行时错误的细节请参考 Wasm 规范或随书源代码，这里只进行两点说明：第一，对于整除和求余指令，如果除数是 0，表示结果是未定义的，完全取决于具体的 Wasm 实现；第二，浮点数截断指令可能会导致整数溢出（超过整数范围）或转换错误（试图截断 NaN）。使用新加入规范的饱和截断指令（详见 5.4.6 节），可以避免出现这两种错误。

11.2　验证整体结构

我们在 11.1.2 节讨论了 Wasm 模块的整体验证规则。如果不考虑字节码的合法性，对模块的内存表示进行整体验证是非常简单的，只需要按规则检查每一个段（里的每一个项）。对于函数的字节码，其实也可以推迟到函数第一次被调用前再进行验证。下面是为验证模块准备的结构体。

```
type moduleValidator struct {
    module binary.Module
```

```
    ... // 其他字段
}
```

为了让代码更加整洁，我们还是使用前面章节用过的办法：在具体的验证方法里直接调用 panic() 函数抛出错误，然后提供一个公开的函数捕捉这些错误，变成更符合 Go 语言风格的返回值。下面是提供给最终用户使用的模块验证函数（在 validator/module_validator.go 文件里）。

```
func Validate(module binary.Module) (err error) {
    defer func() {
        if _err := recover(); _err != nil {
            switch x := _err.(type) {
            case error: err = x
            default: panic(_err)
            }
        }
    }()
    v := &moduleValidator{module: module}
    v.validate()
    return
}
```

实际的验证逻辑在 validate() 方法里，该方法依次调用每一个段的验证方法，代码如下所示。

```
func (v *moduleValidator) validate() {
    v.validateImportSec()
    v.validateFuncSec()
    v.validateTableSec()
    v.validateMemSec()
    v.validateGlobalSec()
    v.validateExportSec()
    v.validateStartSec()
    v.validateElemSec()
    v.validateCodeSec()
    v.validateDataSec()
}
```

根据每一个段的验证规则，不难写出这些验证方法，这里就不一一列举了，请读者参考本章随书源代码，下面只给出函数段的验证方法。

```
func (v *moduleValidator) validateFuncSec() {
```

```
for i, ftIdx := range v.module.FuncSec {
    if int(ftIdx) >= len(v.module.TypeSec) {
        panic(fmt.Errorf("func[%d]: unknown type: %d", i, ftIdx))
    }
}
```

11.3 验证函数字节码

由于 Wasm 操作数栈是类型安全的（详见第 5 章），并且采用了结构化控制指令（详见第 8 章），所以 Wasm 字节码的验证逻辑比较简单。Wasm 规范附录 7.3 节以伪代码的形式给出了字节码验证算法，把这个算法翻译成可执行的 Go 代码也只有几百行。Wasm 规范描述的算法只须遍历一次指令即可完成代码的验证，因此解码时再进行验证也是可行的。不过为了保持代码简洁，我们还是单独实现字节码验证逻辑。在字节码验证过程中需要对每一条指令做下面这两项检查。

1. 检查指令的立即数

如果指令带有立即数，要确保它是有效的。比如，变量指令带有变量索引、直接函数调用指令带有函数索引、间接函数调用指令带有函数类型索引等。这些索引值比较容易验证，只要分析模块结构就可以确认其是否有效。跳转指令带有目标标签索引，必须通过一个模拟的控制栈才能进行验证。

2. 检查操作数栈状态

确保指令执行前，操作数栈顶有期望数量和类型的操作数。以 i32.add 指令为例，它必须从栈顶取出两个 i32 类型的操作数，然后再放回一个 i32 类型的结果。函数刚开始执行时，操作数栈是空的。某条指令的执行将导致操作数栈按规定发生变化，这一变化是验证下一条指令的依据。和控制指令类似，可以通过一个模拟的操作数栈来追踪操作数栈状态变化。

下面我们以伪代码（特指 Wasm 规范附录 7.3 节给出的伪代码，下同）和真实代码相结合的方式来讨论字节码验证算法。

11.3.1　数据结构

　　如前文所述，为了验证函数的字节码，需要用一个模拟器按顺序执行一遍函数的指令。和解释器一样，模拟器也需要一个操作数栈和一个控制栈。模拟器的操作数栈只需要记录操作数的类型，不需要知道实际值。下面是验证算法所使用的操作数帧、控制栈和控制帧的伪代码。

```
type val_type = I32 | I64 | F32 | F64
type opd_stack = stack(val_type | Unknown)
type ctrl_stack = stack(ctrl_frame)
type ctrl_frame = {
  opcode      : opcode
  start_types : list(val_type)
  end_types   : list(val_type)
  height      : nat
  unreachable : bool
}
```

　　值类型、操作数栈、控制栈比较直观，就不多解释了，下面对控制帧进行简要说明。opcode 字段记录与控制帧对应的指令（我们在第 7 章也使用了同样的方法），start_types 和 end_types 记录控制帧的参数和结果类型，height 字段记录控制帧的高度（也就是控制块的深度），unreachable 字段后面再解释。我们可以很容易地把上面的伪代码翻译成真实的 Go 语言代码，如下所示（在 validator/code_validator.go 文件中）。

```
const (
    Unknown = 0
    I32 = binary.ValTypeI32
    I64 = binary.ValTypeI64
    F32 = binary.ValTypeF32
    F64 = binary.ValTypeF64
)

type valType = byte
type opdStack = []valType
type ctrlStack = []ctrlFrame
type ctrlFrame struct {
    opcode      byte
    startTypes  []valType
    endTypes    []valType
    height      int
    unreachable bool
}
```

为了方便描述，伪代码直接使用全局变量来表示操作数栈和控制栈。但我们还是定义一个结构体把它们封装起来，代码如下所示（如果伪代码不算太长也比较容易实现，我们就把它以注释的形式和真实代码写在一起）。

```
// var opds : opd_stack
// var ctrls : ctrl_stack
type codeValidator struct {
    opds  opdStack
    ctrls ctrlStack
}
```

11.3.2 操作数栈

伪代码给操作数栈定义了 5 个函数，其中 3 个进行单个操作数的压入 / 弹出操作，另外两个进行批量压入 / 弹出操作，单操作数的压入操作最为简单，代码如下所示。

```
// func push_opd(type : val_type | Unknown) = opds.push(type)
func (cv *codeValidator) pushOpd(vt valType) {
    cv.opds = append(cv.opds, vt)
}
```

单操作数弹出函数有两个，第一个函数从栈顶弹出一个任意类型的操作数，代码如下所示。

```
/*
func pop_opd() : val_type | Unknown =
  if (opds.size() = ctrls[0].height && ctrls[0].unreachable) return Unknown
  error_if(opds.size() = ctrls[0].height)
  return opds.pop()
*/
func (cv *codeValidator) popOpd() valType {
    if ctrl0 := cv.getCtrl(0); len(cv.opds) == ctrl0.height {
        if ctrl0.unreachable { return Unknown }
        cv.error("type mismatch")
    }
    r := cv.opds[len(cv.opds)-1]
    cv.opds = cv.opds[:len(cv.opds)-1]
    return r
}
```

第二个函数从栈顶弹出一个指定类型的操作数，代码如下所示。

```
/*
func pop_opd(expect : val_type | Unknown) : val_type | Unknown =
  let actual = pop_opd()
  if (actual = Unknown) return expect
  if (expect = Unknown) return actual
  error_if(actual =/= expect)
  return actual
*/
func (cv *codeValidator) popOpdOf(expect valType) valType {
    actual := cv.popOpd()
    if actual == Unknown { return expect }
    if expect == Unknown { return actual }
    if actual != expect { cv.error("type mismatch") }
    return actual
}
```

批量压入 / 弹出函数是单操作数压入 / 弹出函数的包装，代码如下所示。

```
/*
func push_opds(types : list(val_type)) =
  foreach (t in types) push_opd(t)
func pop_opds(types : list(val_type)) =
  foreach (t in reverse(types)) pop_opd(t)
*/
func (cv *codeValidator) pushOpds(types []valType) {
    for _, t := range types { cv.pushOpd(t) }
}
func (cv *codeValidator) popOpds(types []valType) {
    for i := len(types) - 1; i >= 0; i-- { cv.popOpdOf(types[i]) }
}
```

11.3.3　控制栈

控制栈有 3 个函数，其中两个用于控制帧的压入和弹出，还有一个将控制帧标记为不可达。压入函数根据指令的操作码和块类型向控制栈顶放置一个新的控制帧，然后向操作数栈顶压入适当的参数，代码如下所示。

```
/*
func push_ctrl(opcode: opcode, in: list(val_type), out: list(val_type)) =
  let frame = ctrl_frame(opcode, in, out, opds.size(), false)
  ctrls.push(frame)
  push_opds(in)
```

```
*/
func (cv *codeValidator) pushCtrl(opcode byte, in, out []valType) {
    frame := ctrlFrame{opcode, in, out, len(cv.opds), false}
    cv.ctrls = append(cv.ctrls, frame)
    cv.pushOpds(in)
}
```

弹出函数从操作数栈顶弹出预期的结果，然后从控制栈顶弹出一个控制帧。注意在伪代码中，控制帧的索引是从栈顶开始计数的，ctrls[0] 表示栈顶控制帧，弹出函数返回被弹出的控制帧，代码如下所示。

```
/*
func pop_ctrl() : ctrl_frame =
  error_if(ctrls.is_empty())
  let frame = ctrls[0]
  pop_opds(frame.end_types)
  error_if(opds.size() =/= frame.height)
  ctrls.pop()
  return frame
*/
func (cv *codeValidator) popCtrl() ctrlFrame {
    if len(cv.ctrls) == 0 { cv.error("") }
    frame := cv.getCtrl(0)
    cv.popOpds(frame.endTypes)
    if len(cv.opds) != frame.height { cv.error("type mismatch") }
    cv.ctrls = cv.ctrls[:len(cv.ctrls)-1]
    return frame
}
```

unreachable() 函数将栈顶控制帧标记为不可达，代码如下所示。

```
/*
func unreachable() =
  opds.resize(ctrls[0].height)
  ctrls[0].unreachable := true
*/
func (cv *codeValidator) unreachable() {
    cv.opds = cv.opds[:cv.getCtrl(0).height]
    cv.ctrls[len(cv.ctrls)-1].unreachable = true
}
```

11.3.4　验证指令

Wasm 规范给出了字节码验证算法的关键代码（为了节约空间，对伪代码格式进行了适当调整），如下所示。

```
func validate(opcode) = switch (opcode)
  case (i32.add) pop_opd(I32); pop_opd(I32); push_opd(I32)
  case (drop) pop_opd()
  case (select)
    pop_opd(I32); let t1 = pop_opd(); let t2 = pop_opd(t1); push_opd(t2)
  case (unreachable) unreachable()
  case (block t1*->t2*) pop_opds([t1*]); push_ctrl(block, [t1*], [t2*])
  case (loop t1*->t2*) pop_opds([t1*]); push_ctrl(loop, [t1*], [t2*])
  case (if t1*->t2*)
    pop_opd(I32); pop_opds([t1*]); push_ctrl(if, [t1*], [t2*])
  case (end) let frame = pop_ctrl(); push_opds(frame.end_types)
  case (else)
    let frame = pop_ctrl(); error_if(frame.opcode =/= if)
    push_ctrl(else, frame.start_types, frame.end_types)
  case (br n)
    error_if(ctrls.size() < n)
    pop_opds(label_types(ctrls[n])); unreachable()
  case (br_if n)
    error_if(ctrls.size() < n)
    pop_opd(I32)
    pop_opds(label_types(ctrls[n]))
    push_opds(label_types(ctrls[n]))
  case (br_table n* m)
    error_if(ctrls.size() < m)
    foreach (n in n*)
      error_if(ctrls.size() < n ||
        label_types(ctrls[n]) =/= label_types(ctrls[m]))
    pop_opd(I32)
    pop_opds(label_types(ctrls[m]))
    unreachable()
```

使用我们前面定义好的 Go 语言结构体，可以很容易地把上面的伪代码翻译成可执行代码。需要验证的指令太多，这里只展示部分代码，完整的指令验证逻辑请参考随书源代码。

```
func (cv *codeValidator) validateInstr(instr binary.Instruction) {
    switch instr.Opcode {
    case binary.Unreachable: cv.unreachable()
```

```
    case binary.Nop:
    case binary.Block, binary.Loop:
        blockArgs := instr.Args.(binary.BlockArgs)
        bt := cv.mv.module.GetBlockType(blockArgs.BT)
        cv.popOpds(bt.ParamTypes)
        cv.pushCtrl(instr.Opcode, bt.ParamTypes, bt.ResultTypes)
        cv.validateExpr(blockArgs.Instrs)
        cv.pushOpds(cv.popCtrl().endTypes)
    ... // 其他代码省略
}
```

注意伪代码是以扁平的指令序列为基础描述验证算法的，由于我们使用了嵌套的结构，所以上面的具体实现也变成了递归形式。另外再说明一点，在跳转指令中，要考虑跳转目标的控制帧类型。以 br_if 指令为例，代码如下所示。

```
    case binary.BrIf:
        n := int(instr.Args.(uint32))
        if len(cv.ctrls) < n { cv.error("unknown label") }
        cv.popI32()
        cv.popOpds(cv.getCtrl(n).labelTypes())
        cv.pushOpds(cv.getCtrl(n).labelTypes())
```

判断逻辑被封装进 label_types() 函数里，我们把它实现成 ctrlFrame 结构体的方法，代码如下所示。

```
/*
func label_types(frame : ctrl_frame) : list(val_types) =
  return (if frame.opcode == loop
      then frame.start_types else frame.end_types)
*/
func (frame ctrlFrame) labelTypes() []valType {
    if frame.opcode == binary.Loop { return frame.startTypes }
    return frame.endTypes
}
```

11.4　本章效果

现在我们可以给第 10 章实现的模块实例化函数补上模块验证逻辑了，代码改动如下所示。

```
func New(m binary.Module, mm map[string]instance.Module,
            ) (inst instance.Module, err error) {
```

```
    if err := validator.Validate(m); err != nil {
        return nil, err
    }
    ... // 其他代码不变
}
```

WABT 提供了 `wasm-validate` 命令，可以对给定的 Wasm 二进制模块文件进行验证。我们也可以基于准备好的模块验证逻辑实现一个类似的工具。不过和 dump 命令一样，就没必要单独实现一个命令了，给主命令添加一个选项就可以了。修改 `main()` 函数，增加 -c（表示 check）选项，代码改动如下所示。

```
func main() {
    dumpFlag := flag.Bool("d", false, "dump Wasm file")
    checkFlag := flag.Bool("c", false, "check Wasm file") // 新增加的代码
    ... // 其他代码不变
    if *dumpFlag {
        dump(module)
    } else if *checkFlag {
        check(module) // 新增加的代码
    } else {
        instantiateAndExecMainFunc(module)
    }
}
```

我们接下来用下面的命令验证第 1 章编译好的 "Hello, World!" 程序，如果运行结果为 "OK!" 就说明程序没有任何问题。

```
$ cd code/go/ch11/wasm.go/
$ go run wasm.go/cmd/wasmgo -c ../../../js/ch01_hw.wasm
OK!
```

11.5　本章小结

在这一章，我们首先总结了 Wasm 模块从解码到函数执行过程中可能出现的错误，然后介绍了模块的整体验证规则和字节码验证算法。Wasm 采用类型安全的操作数栈以及结构化控制指令和受限的跳转指令，使得函数的字节码可以在线性时间内被验证，并且这一实现很容易完成。Wasm 规范给出了一种验证算法，本章我们也把它转变成了实际可执行的代码。

本章是本书第三部分的最后一章，我们已经较为完整的讨论了 Wasm 虚拟机和字节

码，以及 Wasm 模块的各个语义阶段。在本书第四部分（第 12 ~ 14 章），我们将讨论一些高级主题。在第 12 章，我们将讨论高级语言如何被编译成 Wasm 指令；在第 13 章，我们将讨论 JIT 和 AOT 编译技术，重点讨论如何将 Wasm 模块预先编译为 Go 语言插件；在第 14 章，我们将讨论 Wasm 规范当前存在的一些限制，以及未来的改进方向。

第四部分 *Part 4*

进　　阶

第 12 章　编译为 Wasm

在第三部分我们对 Wasm 虚拟机和指令集进行了详细介绍，一起深入学习了 Wasm 模块的各个语义阶段，并重点讨论了执行阶段各条指令的行为。Wasm 指令的执行效果想必大家已经比较了解了，但是对它们的用途可能还不太清楚。在这一章，我们将以实例分析的方式观察高级语言是如何被翻译成 Wasm 指令的。我们将使用 Rust 语言编写示例代码，但是结论对于其他语言（比如 C/C++）也是适用的。

Wasm 指令分为 5 类：控制指令、参数指令、变量指令、内存指令和数值指令，本章将分别介绍这 5 类指令的用途。

12.1　控制指令

控制指令包括结构化控制指令（block、loop、if）、跳转指令（br 系列）、函数调用指令（call、call_indirect）等。其中结构化控制指令和跳转指令可以实现高级语言中的各种控制语句（为了简化描述，本章不区分语句和表达式，统一称之为语句），比如 if-else、for、switch-case 等；函数调用指令中，直接函数调用指令可以实现函数调用，间接函数调用指令支持函数指针，下面我们来看一个具体的例子。

```
#[no_mangle]
pub extern "C" fn print_even(n: i32) {
    for x in 0..n {
        if x % 2 == 0 {
            unsafe { print_i32(x); }
        }
    }
}
```

本章只展示关键的函数，完整的可编译程序请参考随附源代码。为便于生成特定的指令，本章的测试程序借助了如下一些外部打印函数。

```
extern "C" {
    fn print_char(c: u8);
    fn print_i32(n: i32);
    fn print_i64(n: i64);
    fn print_f32(n: f32);
    fn print_f64(n: f64);
    fn print_bool(b: bool);
}
```

下面使用第一章介绍的方法将上面的示例程序编译为 Wasm 二进制格式。为便于观察，我们使用 WABT 提供的 `wasm2wat` 命令将 Wasm 二进制格式反编译为文本格式（加上 `--fold-exprs` 选项可以生成折叠指令，这样更容易阅读），下面是 `print_even()` 函数编译后的结果（已经转换为文本格式）。

```
(func $print_even (type 0) (param i32)
  (local i32 i32)
  (block  ;; label = @1
    (br_if 0 (;@1;) (i32.lt_s (local.get 0) (i32.const 1)))
    (local.set 1 (i32.const 0))
    (loop  ;; label = @2
      (local.set 2 (i32.add (local.get 1) (i32.const 1)))
      (block  ;; label = @3
        (br_if 0 (;@3;) (i32.and (local.get 1) (i32.const 1)))
        (call $print_i32 (local.get 1))
      )
      (local.set 1 (local.get 2))
      (br_if 0 (;@2;) (i32.ne (local.get 0) (local.get 2)))
    )
  )
)
```

请仔细观察 block、loop、br_if 和 call 指令的使用。有趣的是，Rust 编译器并没有直接使用 if 指令，而是更倾向于使用 block 和 br_if 指令来实现 if 语句，下面再来看另外一个函数。

```rust
#[no_mangle]
pub extern "C" fn print_ascii(n: i32) {
    unsafe {
        match n {
            0x61 => print_char('a' as u8),
            0x73 => print_char('s' as u8),
            0x6D => print_char('m' as u8),
            _    => print_char('?' as u8),
        }
    }
}
```

Rust 语言没有 switch-case 语句，但是有更强大的模式匹配（Pattern Matching）语句。上面的例子通过模式匹配模拟了 switch-case 语句的效果，下面是 print_ascii() 函数编译后的结果。

```
(func $print_ascii (type 0) (param i32)
  (local i32)
  (local.set 1 (i32.const 63))
  (block  ;; label = @1
    (br_if 0 (;@1;)
      (i32.gt_u
        (local.tee 0 (i32.add (local.get 0) (i32.const -97)))
        (i32.const 18)))
    (block  ;; label = @2
      (block  ;; label = @3
        (block  ;; label = @4
          (br_table 0 3 3 3 3 3 3 3 3 3 3 3 3 2 3 3 3 3 3 1 0
            (local.get 0))
        )
        (call $print_char (i32.const 97))
        (return)
      )
      (call $print_char (i32.const 115))
      (return)
    )
    (local.set 1 (i32.const 109))
  )
  (call $print_char (local.get 1))
)
```

请仔细观察 Rust 编译器是如何使用 block 和 br_table 指令实现简单的模式匹配的。一般而言，高级语言中的 switch-case 语句和 Wasm 的 block/br_table 指令如下所示的对应关系（例子来自论文 "Bringing the Web up to Speed with WebAssembly"）。

```
switch (x) {                | block block block block
                            |   br_table 0 1 2
  case 0: ...A...           |   end ...A...
  case 1: ...B... break;    |   end ...B... br 1
  default: ...C...          |   end ...C...
}                           | end
```

这一节的最后我们来看一个函数指针的例子。

```
type Binop = fn(f32, f32) -> f32;
fn add(a: f32, b: f32) -> f32 { a + b }
fn sub(a: f32, b: f32) -> f32 { a - b }
fn mul(a: f32, b: f32) -> f32 { a * b }
fn div(a: f32, b: f32) -> f32 { a / b }

#[no_mangle]
pub extern "C" fn calc(op: usize, a: f32, b: f32) -> f32 {
    get_fn(op)(a, b)
}

fn get_fn(op: usize) -> Binop {
    match op {
        1 => add,
        2 => sub,
        3 => mul,
        _ => div,
    }
}
```

当优化级别较高时，Rust 编译器把 get_fn() 函数内联进了 calc() 函数，下面是编译后的结果。

```
(module
  (type (;0;) (func (param f32 f32) (result f32)))
  (type (;1;) (func (param i32 f32 f32) (result f32)))
  (func $add (f32.add (local.get 0) (local.get 1)))
  (func $sub (f32.sub (local.get 0) (local.get 1)))
  (func $mul (f32.mul (local.get 0) (local.get 1)))
  (func $div (f32.div (local.get 0) (local.get 1)))
```

```
(func $calc (type 1) (param i32 f32 f32) (result f32)
  (local i32)
  (local.set 3 (i32.const 1))
  (block   ;; label = @1
    (br_if 0 (;@1;)
      (i32.gt_u
        (local.tee 0 (i32.add (local.get 0) (i32.const -1)))
        (i32.const 2)))
    (local.set 3
      (i32.load
        (i32.add
          (i32.shl (local.get 0) (i32.const 2))
          (i32.const 1048576)))))
  )
  (call_indirect (type 0)
    (local.get 1) (local.get 2) (local.get 3))
)
(export "calc" (func $calc))
(table (;0;) 5 5 funcref)
(elem (;0;) (i32.const 1) func $div $add $sub $mul)
(memory (;0;) 17)
(data (;0;) (i32.const 1048576) "\02\00\00\00\03\00\00\00\04\00\00\00")
)
```

请仔细观察表和元素段，以及 call_indirect 指令。上面的代码之所以看起来比较复杂，是因为 Rust 编译器借助了内存（注意 i32.load 指令）来计算表索引。

12.2　参数指令

如前所述，对于一些简单的 if-else 语句，Rust 编译器将直接使用 select 指令实现，下面举例进行说明。

```
#[no_mangle]
pub extern "C" fn max(a: i32, b: i32) -> i32 {
    if a > b { a } else { b }
}
```

max() 函数编译后的结果如下所示。

```
(func $max (type 0) (param i32 i32) (result i32)
  (local.get 0) (local.get 1)
```

```
    (local.get 0) (local.get 1)
    (i32.gt_s) (select)
)
```

Rust 编译器可以使用 drop 指令来平衡操作数栈，下面通过一个例子进行说明。

```
extern "C" { fn random_i32() -> i32; }

#[no_mangle]
pub extern "C" fn discard() {
  unsafe { let _ = random_i32(); }
}
```

discard() 函数编译后的结果如下所示。

```
(func $discard (type 2)
  (call $random_i32) (drop)
)
```

12.3　变量指令

变量指令包括局部变量指令和全局变量指令。在前面的例子中已经多次出现了局部变量指令，此处不再赘述，下面来看一个全局变量的例子。

```
static mut G: i32 = 0xABCD;

#[no_mangle]
pub extern "C" fn get_g() -> i32 {
    unsafe { G }
}

#[no_mangle]
pub extern "C" fn set_g(g: i32) {
    unsafe { G = g; }
}

#[no_mangle]
pub extern "C" fn arr(i: usize) -> i32 {
    let a: [i32; 4] = [1, 2, 3, 4];
    if i < 4 { a[i] } else { 0 }
}
```

程序编译后的结果如下所示。

```
(module
  (type (;0;) (func (result i32)))
  (type (;1;) (func (param i32)))
  (type (;2;) (func (param i32) (result i32)))
  (func $get_g (type 0) (result i32)
    (i32.load offset=1048576 (i32.const 0))
  )
  (func $set_g (type 1) (param i32)
    (i32.store offset=1048576 (i32.const 0) (local.get 0))
  )
  (func $arr (type 2) (param i32) (result i32)
    ... ;; 稍后给出
  )
  (table (;0;) 1 1 funcref)
  (memory (;0;) 17)
  (global (;0;) (mut i32) (i32.const 1048576))
  (global (;1;) i32 (i32.const 1048580))
  (global (;2;) i32 (i32.const 1048580))
  (export "memory" (memory 0))
  (export "__data_end" (global 1))
  (export "__heap_base" (global 2))
  (export "get_g" (func $get_g))
  (export "set_g" (func $set_g))
  (export "arr" (func $arr))
  (data (;0;) (i32.const 1048576) "\cd\ab\00\00")
)
```

可以看到，Rust 编译器生成的模块是在内存中自己维护语言全局变量的，并没有直接使用 Wasm 全局变量。不过，却使用了 Wasm 全局变量来辅助内存操作。下面是 `arr()` 函数编译后的结果（注意观察 `global.get` 指令）。

```
(func $arr (type 2) (param i32) (result i32)
  (local i32 i32)
  (i64.store offset=8 align=4
    (local.tee 1 (i32.sub (global.get 0) (i32.const 16))) ;; <---
    (i64.const 17179869187))
  (i64.store align=4 (local.get 1) (i64.const 8589934593))
  (local.set 2 (i32.const 0))
  (block  ;; label = @1
    (br_if 0 (;@1;)
      (i32.gt_u (local.get 0) (i32.const 3)))
    (local.set 2
      (i32.load
        (i32.add
```

```
            (local.get 1)
            (i32.shl (local.get 0) (i32.const 2)))))
    )
    (local.get 2)
)
```

12.4　内存指令

内存指令包括 load（加载）系列、store（存储）系列、memory.size 和 memory.grow，这一节主要介绍 load 和 store 系列指令。为了便于观察，我们先来定义一个 Rust 语言结构体，代码如下所示。

```
pub struct S {
    a: i8, b: u8, c: i16, d: u16, e: i32, f: u32, g: i64, h: u64,
    i: f32, j: f64,
}
```

结构体中 S 字段全部加起来至少需要 42 个字节。为了尽可能节约内存空间并且对齐字段，Rust 编译器对结构体的字段进行了重新排列，如图 12-1 所示。

图 12-1　结构体内存布局示意图

为了避免代码太长，我们通过 3 个函数来观察内存加载指令。先来观察 i32 类型加载指令，请看下面这个函数。

```
#[no_mangle]
pub extern "C" fn load_i32(s: &S) {
    unsafe {
        print_i32(s.a as i32);
        print_i32(s.b as i32);
        print_i32(s.c as i32);
        print_i32(s.d as i32);
        print_i32(s.e as i32);
        print_i32(s.f as i32);
    }
}
```

　　下面给出 load_i32() 函数的编译结果。注意观察内存偏移量（打印输出中没有体现内存对齐），以及指针/引用是如何映射为内存地址的（Wasm 内存寻址方式详见 6.3.2 节）。

```
(func $load_i32 (type 0) (param i32)
  (local.get 0) (i32.load8_s  offset=40) (call $print_i32)
  (local.get 0) (i32.load8_u  offset=41) (call $print_i32)
  (local.get 0) (i32.load16_s offset=36) (call $print_i32)
  (local.get 0) (i32.load16_u offset=38) (call $print_i32)
  (local.get 0) (i32.load     offset=24) (call $print_i32)
  (local.get 0) (i32.load     offset=28) (call $print_i32)
)
```

再来观察 i64 类型加载指令，请看下面这个函数。

```
#[no_mangle]
pub extern "C" fn load_i64(s: &S) {
    unsafe {
        print_i64(s.a as i64);
        print_i64(s.b as i64);
        print_i64(s.c as i64);
        print_i64(s.d as i64);
        print_i64(s.e as i64);
        print_i64(s.f as i64);
        print_i64(s.g as i64);
        print_i64(s.h as i64);
    }
}
```

load_i64() 函数的编译结果如下所示。

```
(func $load_i64 (type 0) (param i32)
  (local.get 0) (i64.load8_s  offset=40) (call $print_i64)
  (local.get 0) (i64.load8_u  offset=41) (call $print_i64)
  (local.get 0) (i64.load16_s offset=36) (call $print_i64)
  (local.get 0) (i64.load16_u offset=38) (call $print_i64)
  (local.get 0) (i64.load32_s offset=24) (call $print_i64)
  (local.get 0) (i64.load32_u offset=28) (call $print_i64)
  (local.get 0) (i64.load                ) (call $print_i64)
  (local.get 0) (i64.load     offset=8 ) (call $print_i64)
)
```

浮点数加载指令相对较为简单，请看下面这个函数。

```
#[no_mangle]
pub extern "C" fn load_f(s: &S) {
    unsafe {
        print_f32(s.i);
        print_f64(s.j);
    }
}
```

`load_f()` 函数的编译结果如下所示。

```
(func $load_f (type 0) (param i32)
  (local.get 0) (f32.load offset=32) (call $print_f32)
  (local.get 0) (f64.load offset=16) (call $print_f64)
)
```

相比加载指令，存储指令较为简单，我们通过如下函数来观察。

```
#[no_mangle]
pub extern "C" fn store(s: &mut S, v: i64) {
    s.a = v as i8;
    s.b = v as u8;
    s.c = v as i16;
    s.d = v as u16;
    s.e = v as i32;
    s.f = v as u32;
    s.g = v as i64;
    s.h = v as u64;
    s.i = v as f32;
    s.j = v as f64;
}
```

`store()` 函数的编译结果如下所示。

```
(func $store (type 4) (param i32 i64)
  (local i32)
  (local.get 0) (local.get 1) (i64.store offset=8)
  (local.get 0) (local.get 1) (i64.store)
  (local.get 0) (local.get 1)
      (i32.wrap_i64) (local.tee 2) (i32.store8 offset=41)
  (local.get 0) (local.get 2) (i32.store8 offset=40)
  (local.get 0) (local.get 2) (i32.store16 offset=38)
  (local.get 0) (local.get 2) (i32.store16 offset=36)
  (local.get 0) (local.get 2) (i32.store offset=28)
  (local.get 0) (local.get 2) (i32.store offset=24)
```

```
    (local.get 0) (local.get 1) (f32.convert_i64_s) (f32.store offset=32)
    (local.get 0) (local.get 1) (f64.convert_i64_s) (f64.store offset=16)
)
```

12.5　数值指令

数值指令包括常量指令、测试指令、比较指令、一元和二元算术指令、类型转换指令。数值指令数量虽然多，但是非常好理解。比如，高级语言中的数值字面量（literal）可以映射为常量指令，比较运算可以映射为测试和比较指令，算术和按位运算符可以映射为算术指令，强制类型转换可以映射为转换指令。除了类型转换指令，其他数值指令都比较直观，下面以 i32 整数为例进行介绍。

```
#[no_mangle]
pub extern "C" fn num(a: i32, b: i32) {
    unsafe {
        print_i32(100);     // i32.const
        print_bool(a == 0); // i32.eqz
        print_bool(a >= b); // i32.ge_s
        print_i32(a * b);   // i32.mul
    }
}
```

num() 函数的编译结果如下所示。

```
(func $num (type 4) (param i32 i32)
  (call $print_i32 (i32.const 100))
  (call $print_bool (i32.eqz (local.get 0)))
  (call $print_bool (i32.ge_s (local.get 0) (local.get 1)))
  (call $print_i32 (i32.mul (local.get 1) (local.get 0)))
)
```

类型转换指令数量也比较多，下面我们仅观察其中一些有代表性的指令。

```
#[no_mangle]
pub extern "C" fn conv(a: i32, b: i64, c: f32, d: f64) {
    unsafe {
        print_i32(b as i32);                // i32.wrap_i64
        print_i32(c as i32);                // i32.trunc_f32_s
        print_i64(a as i64);                // i64.extend_i32_s
        print_f32(a as f32);                // f32.convert_i32_s
        print_f32(d as f32);                // f32.demote_f64
```

```
        print_f64(c as f64);                    // f64.promote_f32
        print_i32(f32::to_bits(c) as i32);      // i32.reinterpret_f32
        print_i64(f64::to_bits(d) as i64);      // i64.reinterpret_f64
        print_f32(f32::from_bits(a as u32));    // f32.reinterpret_i32
        print_f64(f64::from_bits(b as u64));    // f64.reinterpret_i64
    }
}
```

conv() 函数的编译结果如下所示。

```
(func $conv (type 4) (param i32 i64 f32 f64)
  (local i32)
  (call $print_i32 (i32.wrap_i64 (local.get 1)))
  (block  ;; label = @1
    (block  ;; label = @2
      (br_if 0 (;@2;)
        (i32.eqz
          (f32.lt
            (f32.abs (local.get 2))
            (f32.const 0x1p+31 (;=2.14748e+09;)))))
      (local.set 4 (i32.trunc_f32_s (local.get 2)))
      (br 1 (;@1;))
    )
    (local.set 4 (i32.const -2147483648))
  )
  (call $print_i32 (local.get 4))
  (call $print_i64 (i64.extend_i32_s (local.get 0)))
  (call $print_f32 (f32.convert_i32_s (local.get 0)))
  (call $print_f32 (f32.demote_f64 (local.get 3)))
  (call $print_f64 (f64.promote_f32 (local.get 2)))
  (call $print_i32 (i32.reinterpret_f32 (local.get 2)))
  (call $print_i64 (i64.reinterpret_f64 (local.get 3)))
  (call $print_f32 (f32.reinterpret_i32 (local.get 0)))
  (call $print_f64 (f64.reinterpret_i64 (local.get 1)))
)
```

　　注意截断指令 i32.trunc_f32_s。由于浮点数截断操作有可能产生错误（如整数溢出或者无法转换），所以 Rust 编译器做了特殊的处理。为了避免转换错误，Wasm 规范增加了饱和截断指令（详见 5.4.6 节），不过在写作本书时该指令才正式加入规范，所以还没有被 Rust 编译器采用。

12.6　本章小结

　　本章以 Rust 语言为例讨论了高级语言如何被编译成 Wasm 模块。通过观察高级语言编译器生成的代码，读者应该对 Wasm 模块和指令集有了更加具体的了解。下一章，我们将扭转方向，看看如何将 Wasm 模块编译成高级语言。

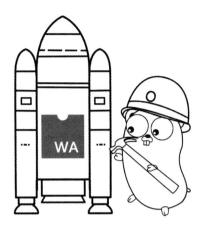

第 13 章　AOT 编译器

字节码程序（比如 Wasm 二进制模块或者 Java 类文件）通常有 3 种执行方式：解释执行、预先编译为本地可执行程序，以及在运行时即时编译为本地机器代码。其中预先（Ahead-of-Time）编译方式一般简称为 AOT，即时（Just-in-Time）编译方式一般简称为 JIT。简单来说，解释执行不编译字节码，AOT 在执行前把全部字节码编译为本地代码，JIT 在执行中将部分（热点）字节码编译为本地代码。

在第三部分，我们用大量篇幅讨论了 Wasm 解释器。这一章首先简单介绍 AOT 和 JIT 编译技术，然后重点讨论 AOT 编译。我们的目标并不是追求速度上的极致，而是对 AOT 和 JIT 技术有一个大致的了解，顺便从另一个角度熟悉 Wasm 模块和指令集，所以不会像介绍 Wasm 解释器那样进行细致入微的讨论。

13.1　AOT 介绍

如前所述，字节码程序有 3 种执行方式。实际上，这 3 种执行方式对于其他形式的程序也是适用的。比如 C 语言通常是将字节码预先编译为可执行程序，但是我们也可以编写 C 语言解释器。再比如 JavaScript 语言并没有标准的字节码形式，所以 JavaScript 引擎可以直接解释执行 JavaScript 脚本，并搭配 JIT 技术优化执行速度，甚至可以直接对

JavaScript 脚本进行 AOT 编译（虽然对于动态语言来说，AOT 编译要更加困难一些）。

3 种执行方式各有利弊，解释器最容易实现，而且程序启动速度最快，但是执行速度最慢。以 JavaScript 为例，如果采用解释器的执行方式，下载完字节码程序就可以直接解析执行，不需要等待编译。由于比较容易实现，很多语言（例如 Java 和 JavaScript）都是先以解释器的形式实现，然后再添加 JIT 编译器。

如果程序安装一次执行多次，且允许在安装时花费一定时间进行编译，那么 AOT 是不错的选择。以 Android 操作系统为例，最初的 Dalvik 虚拟机使用 JIT 的方式执行 Android 程序（APK），后来换成 ART 运行时，改为用 AOT 方式执行（不过后来 ART 也增加了 JIT 编译器）。再比如 Java 语言，因其高效的 JIT 执行而著名，在 Java 9 也引入了 AOT 编译器，可以将 Java 字节码预先编译为本地代码。

AOT 可以预先生成执行效果较好的本地代码，但由于是静态编译，所以无法准确预测代码在运行时的行为，不能达到性能极致。相比而言，JIT 结合了解释器和 AOT 的优点，在运行时收集各种信息和指标，既可以快速启动，又可以生成更加优化的代码，所以能在总体上达到更佳的运行效果，这也是解释器 +JIT 成为目前主流执行方式的原因之一。

生成更高效的代码是需要花费很多时间的，为了在快速启动和高度优化之间取得平衡，很多 JIT/AOT 实现（比如 Java 虚拟机和 Firefox 浏览器）使用了分层（Tiered）编译技术。分层编译一般分为两层，第一层（tier1，叫法因实现而异）编译器可以较快地生成本地代码并执行；而第二层（tier2）编译器在后台线程中生成执行效果更好的代码，并替换 tier 生成的代码。

由于本书使用 Go 语言实现 Wasm 解释器，所以我们将 Wasm 模块 AOT 编译成 Go 语言。Go 语言内置了插件机制（目前只支持 Linux、FreeBSD 和 macOS 操作系统），所以将模块编译成插件是个不错的选择。如前所述，AOT 编译器需要对生成的代码进行优化。这项工作可以交给 Go 编译器执行，我们重点考虑如何将 Wasm 模块编译成 Go 语言。由于真正的本地代码生成和优化工作都交给了 Go 编译器，我们实现 AOT 编译器的难度大幅降低。

回顾第 1 章图 1-4 展示的 Wasm 模块编译、解码、验证和实例化这 4 个阶段，在本章，我们将把实例化阶段换成 AOT 形式，具体又可以分为 3 个小阶段：代码生成、构建、加载，如图 13-1 所示。下面我们把注意力集中在图 13-1 中的 AOT（代码生成）阶段，build 和 load 阶段将在本章的最后进行介绍。

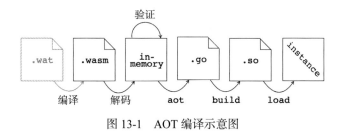

图 13-1　AOT 编译示意图

13.2　编译模块

AOT 编译器的执行逻辑很简单：给定一个 Wasm 模块，生成一个 Go 语言结构体，并让它实现 Module 接口（详见第 10 章）。表、内存、全局变量以及外部函数处理起来比较简单，后面会进行介绍。至于模块内部定义的函数，则可以翻译成 Go 语言结构体的方法。这么描述有点抽象，下面我们结合一个实际的例子加深理解。

```
(module
  (import "env" "print_char" (func $print_char (param i32)))
  (memory (data "Hello, World!\n"))
  (global $hw_addr i32 (i32.const 0))
  (global $hw_len i32 (i32.const 14))
  (func $main (export "main")
    (call $print_str (global.get $hw_addr) (global.get $hw_len))
  )
  (func $print_str (export "print_str")
    (param $addr i32) (param $len i32)
    (local $i i32)
    (loop
      (i32.add (local.get $addr) (local.get $i))
      (call $print_char (i32.load8_u))
      (local.set $i (i32.add (local.get $i) (i32.const 1)))
      (br_if 0 (i32.lt_u (local.get $i) (local.get $len)))
    )
  )
)
```

除了表，上面这个用 WAT 编写的"Hello, World!"程序包含了 AOT 需要处理的大部分元素。如果把这个模块编译成 Go 语言，生成的结构体如下所示（在这个例子里，表字段并不是必需的）。

```
type aotModule struct {
    importedFuncs []instance.Function
    table         instance.Table
    memory        instance.Memory
    globals       []instance.Global
}
```

注意 table、memory 和 globals 字段，我们之前实现 vm 结构体时也是这么定义这 3 个字段的。根据模块内的各种信息，我们可以给 aotModule 生成一个实例化函数如下所示。

```
func Instantiate(mm map[string]instance.Module) (instance.Module, error) {
    m := &aotModule{
        importedFuncs: make([]instance.Function, 1),
        globals:       make([]instance.Global, 2),
    }
    m.importedFuncs[0] = mm["env"].GetMember("print_char").(instance.Function)
    m.memory = interpreter.NewMemory(1, 0)
    m.globals[0] = interpreter.NewGlobal(127, false, 0)
    m.globals[1] = interpreter.NewGlobal(127, false, 14)
    m.initMem()
    return m, nil
}
```

由于模块有数据段，所以需要对内存进行初始化，下面是 initMem() 方法的代码。

```
func (m *aotModule) initMem() {
    m.memory.Write(0, []byte("Hello, World!\n"))
}
```

我们已经实现了模块的解码逻辑，可以将二进制模块解码为内存表示。根据模块的内存表示，写一个程序将其转换为上面这样的 Go 语言代码并不难。本章不再具体介绍 AOT 编译器的实现，仅展示生成的 Go 语言代码。读者可以从随书源码中找到 AOT 编译器的完整实现代码。

13.3　编译函数

这一节将简要介绍导入和导出函数的适配，以及内部函数的入口处理，有关内部函数的指令生成将在下一节进行介绍。

13.3.1　内部函数

我们已经知道，模块的函数集合由外部导入的函数和内部定义的函数构成，这两种函数共享一个索引空间。为了简化处理，我们可以在编译函数时按索引生成统一的方法名，如 f0、f1、f2 等。

对于内部函数，我们可以将 Wasm 函数的参数、局部变量和返回值直接映射为 Go 语言方法的参数、局部变量和返回值。对于操作数栈，也可以用局部变量来实现。我们能够根据函数的字节码推算出函数最多需要多少个操作数，所以可以在函数的开头把局部变量和操作数声明好，后面的直接使用指令即可。和解释器的操作数栈一样，我们可以把参数、局部变量和返回值统一表示为 uint64 类型。我们将 Wasm 参数和局部变量按顺序命名为 a0、a1、a2……，将操作数栈 slot 命名为 s0、s1、s2……。

假设某内部函数的索引是 I，有 N+1 个参数、M+1 个返回值、L 个局部变量、操作数栈最高为 K+1，那么该函数编译后代码如下所示。

```
func (m *aotModule) fI(a0, a1, ..., aN uint64) (r0, r1, ..., rM uint64) {
    var aN+1, aN+2, ..., aN+L uint64 // locals
    var s0, s1, ..., sK uint64 // stack
    ... // 代码省略
}
```

main() 函数和 print_str() 函数的编译结果如下所示。以 print_str() 函数为例，它有两个参数，一个局部变量，操作数栈的深度不超过 2。除了参数，总共还需要 3 个 Go 语言局部变量。

```
// main ()->()
func (m *aotModule) f1() {
    // no locals
    var s0, s1 uint64 // stack
    ... // 代码省略
}

// print_str (i32, i32)->()
func (m *aotModule) f2(a0, a1 uint64) {
    var a2 uint64 // locals
    var s0, s1 uint64 // stack
    ... // 代码省略
}
```

13.3.2 外部函数

为了生成函数调用指令时能够对内部函数和外部函数进行统一处理，我们需要给导入的外部函数生成适配方法：第一步，将参数从 uint64 类型转换为实际类型，并包装成 interface{} 类型；第二步，用转换后的参数调用外部函数；第三步，将返回值从 interface{} 类型解包成实际类型，然后再转换成 uint64 类型。

假设某外部函数的索引是 J，有 N+1 个参数和 M+1 个返回值，且都是 i32 类型，则该函数的适配方法如下所示。

```
func (m *aotModule) fJ(a0, a1, ..., aN uint64) (r0, r1, ..., rM uint64) {
    r, err := m.importedFuncs[J].Call(int32(a0), ..., int32(aN)) // 暂时忽略错误
  return uint64(r0.(int32)), ..., uint64(rM.(int32))
}
```

以 env.print_char() 函数为例，下面是生成的适配方法。

```
// env.print_char (i32)->()
func (m *aotModule) f0(a0 uint64) {
    _, err := m.importedFuncs[0].Call(int32(a0))
    if err != nil {} // 暂时忽略错误处理
}
```

13.3.3 导出函数

为了简化 GetMember() 和 InvokeFunc() 方法的实现代码，我们给导出的函数也生成适配方法。和外部函数的适配方法完全相反，导出函数的适配方法将参数解包并转换成 uint64 类型，然后调用内部函数，将返回值转换并包装成 interface{} 类型。我们将导出函数的适配方法统一命名为 exported 前缀加索引的形式，例如 exported1()、exported2() 等。

假设导出的内部函数索引是 I，有 N+1 个参数和 M+1 个返回值且都是 i32 类型，则该函数的导出适配方法代码如下所示。

```
func (m *aotModule) exportedI(args []interface{}) ([]interface{}, error) {
  r0, r1, ..., rM := m.fI(uint64(args[0].(int32)), ..., uint64(args[N].(int32)))
  return []interface{r0.(int32), r1.(int32), ..., rM.(int32)}, nil
}
```

`main()` 和 `print_str()` 函数的适配方法如下所示。

```
// main ()->()
func (m *aotModule) exported0(args []interface{}) ([]interface{}, error) {
    m.f1()
    return nil, nil
}

// print_str (i32,i32)->()
func (m *aotModule) exported1(args []interface{}) ([]interface{}, error) {
    m.f2(uint64(args[0].(int32)), uint64(args[1].(int32)))
    return nil, nil
}
```

有了导出函数的适配方法，`GetMember()` 和 `InvokeFunc()` 实现起来就简单多了。以 `InvokeFunc()` 方法为例，下面是生成的代码。

```
func (m *aotModule) InvokeFunc(name string,
                    args ...interface{}) ([]interface{}, error) {
    switch name {
    case "main":       return m.exported0(args)
    case "print_str": return m.exported1(args)
    default: return nil, fmt.Errorf("func not found: %s", name)
    }
}
```

13.3.4　辅助方法

为了简化指令生成并且提升编译后代码的可读性，我们再给 `aotModule` 结构体生成一些辅助方法，下面这 4 个方法用于简化内存加载指令。

```
func (m *aotModule) readU8(offset uint64) byte {
    var buf [1]byte; m.memory.Read(offset, buf[:]); return buf[0]
}
func (m *aotModule) readU16(offset uint64) uint16 {
    var buf [2]byte; m.memory.Read(offset, buf[:]); return LE.Uint16(buf[:])
}
func (m *aotModule) readU32(offset uint64) uint32 {
    var buf [4]byte; m.memory.Read(offset, buf[:]); return LE.Uint32(buf[:])
}
func (m *aotModule) readU64(offset uint64) uint64 {
    var buf [8]byte; m.memory.Read(offset, buf[:]); return LE.Uint64(buf[:])
}
```

下面这 4 个方法用于简化内存存储指令。

```
func (m *aotModule) writeU8(offset uint64, n byte) {
    var buf [1]byte; buf[0] = n; m.memory.Write(offset, buf[:])
}
func (m *aotModule) writeU16(offset uint64, n uint16) {
    var buf [2]byte; LE.PutUint16(buf[:], n); m.memory.Write(offset, buf[:])
}
func (m *aotModule) writeU32(offset uint64, n uint32) {
    var buf [4]byte; LE.PutUint32(buf[:], n); m.memory.Write(offset, buf[:])
}
func (m *aotModule) writeU64(offset uint64, n uint64) {
    var buf [8]byte; LE.PutUint64(buf[:], n); m.memory.Write(offset, buf[:])
}
```

下面这 5 个方法用于简化类型转换指令。

```
func b2i(b bool) uint64 { if b { return 1 } else { return 0 } }
func _f32(i uint64) float32 { return math.Float32frombits(uint32(i)) }
func _u32(f float32) uint64 { return uint64(math.Float32bits(f)) }
func _f64(i uint64) float64 { return math.Float64frombits(i) }
func _u64(f float64) uint64 { return math.Float64bits(f) }
```

有了这些方法，接下来就可以来实现指令生成了。

13.4 编译指令

和第 12 章一样，这一节也以实例分析的方式介绍指令的编译。下面的小节将首先给出 WAT 示例代码，然后展示生成的 Go 语言方法。由于参数指令、变量指令、内存指令、数值指令较为简单，所以分别用一个小节进行介绍。控制指令稍微复杂一些，将通过多个小节进行介绍。

13.4.1 参数指令

在把 Wasm 指令翻译成 Go 语言代码的时候，我们需要维护一个操作数栈索引。如果指令从栈顶弹出操作数，这个索引就会减少；如果指令往栈顶压入结果，索引就增加；如果指令需要使用操作数，直接根据索引引用局部变量即可；如果指令产生结果，也直接写到局部变量里，下面来看一个参数指令的例子。

```
(module
  (func $param (result i32)
    (i32.const 100) (i32.const 200) (drop) (drop)
    (select (i32.const 123) (i32.const 456) (i32.const 1))
  )
)
```

除 nop 指令外，drop 指令的实现最为简单，只要把操作数栈索引减 1 即可，无须生成任何代码。select 指令可以翻译成一条 if 语句，下面是 param() 函数编译后的结果（注意，虽然字节码里没有显式使用 return 指令，但我们还是需要生成返回语句）。

```
// param ()->(i32)
func (m *aotModule) f0() uint64 {
    // no locals
    var s0, s1, s2 uint64 // stack
    s0 = 0x64             // i32.const 100
    s1 = 0xc8             // i32.const 200
                         // drop
                         // drop
    s0 = 0x7b             // i32.const 123
    s1 = 0x1c8            // i32.const 456
    s2 = 0x1              // i32.const 1
    if s2 == 0 { s0 = s1 } // select
    return s0
}
```

请注意，我们已经把解释器里显式的操作数栈变为隐式的局部变量列表。相应地，操作数的弹出/压入也变为局部变量的读/写（以及局部变量索引的减/增）。

13.4.2 变量指令

变量指令包括全局变量指令和局部变量指令。前者可以理解为全局变量接口的 Get/SetAsU64() 方法，后者可以理解为 Go 语言函数局部变量的读写。下面请看变量指令的示例。

```
(module
  (global $g1 (mut i32) (i32.const 320))
  (global $g2 (mut i32) (i32.const 640))
  (func $var (param $a i32) (result i32)
    (local $b i32) (local $c i32)
    (global.get $g1) (global.set $g2)
```

```
    (local.get $a) (local.tee $b)
    (local.get $b) (local.set $c)
  )
)
```

var() 函数编译后的结果如下所示。

```
// var ()->(i32)
func (m *aotModule) f0(a0 uint64) uint64 {
    var a1, a2 uint64 // locals
    var s0, s1 uint64 // stack
    s0 = m.globals[0].GetAsU64() // global.get 0
    m.globals[1].SetAsU64(s0)    // global.set 1
    s0 = a0                      // local.get 0
    a1 = s0                      // local.tee 1
    s1 = a1                      // local.get 1
    a2 = s1                      // local.set 2
    return s0
}
```

13.4.3 内存指令

内存指令包括加载/存储系列指令，以及 memory.size 和 memory.grow 指令。前者可以理解为前面介绍的 read/writeUXX() 辅助方法，后者可以理解为内存接口的 Size() 和 Grow() 方法。下面请看内存指令的示例。

```
(module
  (memory (data "Hello, World!\n"))
  (func $mem
    (i32.const 2) (i32.const 3)
    (i32.load offset=5)
    (i32.store offset=6)
    (memory.size) (drop)
    (i32.const 4) (memory.grow) (drop)
  )
)
```

mem() 函数编译后的结果（注意内存寻址）如下所示。

```
// mem ()->()
func (m *aotModule) f0() {
    var s0, s1 uint64 // stack
```

```
    s0 = 0x2                                   // i32.const 2
    s1 = 0x3                                   // i32.const 3
    s1 = uint64(m.readU32(5 + s1))             // i32.load
    m.writeU32(6 + s0, uint32(s1))             // i32.store
    s0 = uint64(m.memory.Size())               // memory.size
                                               // drop
    s0 = 0x4                                   // i32.const 4
    s0 = uint64(m.memory.Grow(uint32(s0)))     // memory.grow
                                               // drop
}
```

13.4.4 数值指令

数值指令包括常量指令、测试指令、比较指令、一元和二元算术指令、类型转换指令。其中常量指令比较简单，13.4.1 节和 13.4.3 节的例子已经展示过。测试和比较指令也比较简单，可以直接翻译成 Go 语言运算符。对于算术和类型转换指令，有一部分指令可以直接翻译成 Go 语言运算符和强制类型转换，其他指令则需要借助标准库来实现。这里就不逐一介绍每种情况了，下面请看一个例子。

```
(module
  (func $num (result f32)
    (i32.const 123) (i32.const 456) (i32.const 789)
    (i32.add) (i32.div_s) (f32.convert_i32_s)
  )
)
```

num() 函数编译后的结果如下所示。

```
// num ()->(f32)
func (m *aotModule) f0() uint64 {
    // no locals
    var s0, s1, s2 uint64 // stack
    s0 = 0x7b                               // i32.const 123
    s1 = 0x1c8                              // i32.const 456
    s2 = 0x315                              // i32.const 789
    s1 = uint64(uint32(s1) + uint32(s2))    // i32.add
    s0 = uint64(int32(s0) / int32(s1))      // i32.div_s
    s0 = _u32(float32(int32(s0)))           // f32.convert_i32_s
    return s0
}
```

13.4.5 结构化控制指令

控制指令包括结构化控制指令、跳转指令、函数调用指令等。结构化控制指令有 3 条：block 指令、loop 指令和 if 指令。其中 if 指令比较直观，等同于 Go 语言的 if 语句。block 指令和 loop 指令只是跳转目标不同，因此可以统一处理。

对于 block 指令和 loop 指令，如果其中没有 br 等跳转指令，就不需要作特别处理，直接翻译内部的指令序列即可。如果其中包含跳转指令，则可以把 block 指令或者 loop 指令翻译为 Go 语言的控制语句，把跳转指令翻译为 Go 语言的 break 语句或者 continue 语句。可选的控制语句包括 for 和 switch-case 等，使用 for 语句生成的代码更简洁一些。block 指令、loop 指令、br 指令和 Go 语言 for 语句、break 语句、continue 语句的对应关系如下所示。

```
(block/loop   |      for {
  (br 0)      |          break/continue
)             |      break }
```

注意 loop 指令必须和 br 指令搭配才能形成循环，而 Go 语言的 for 语句是自动循环，所以我们要在 for 语句的最后加上一个 break 语句，以便在没有发生跳转时退出循环。先来看一个 block 指令的例子。

```
(module
  (func $test (result i32)
    (block $b1 (result i32)
      (block $b2 (result i32)
        (block $b3 (result i32)
          (i32.const 123) (i32.const 456) (br_if $b1)
        )
      )
    )
  )
)
```

下面是 test() 函数编译后的结果，注意以下 3 点：第一，我们把函数本身也当作一个 block 指令来统一处理。第二，如果 block 指令内部没有跳转指令，那么就没必要生成 for 语句。不过为了使代码看起来更清晰，还是生成了一个语句块（部分示例做了简化处理）。第三，我们给 for 语句添加了标签（_l1_0），这样就可以在翻译跳转指令时使用该标签。

```go
// test ()->(i32)
func (m *aotModule) f0() uint64 {
    // no locals
    var s0, s1 uint64 // stack
{ // _l0_0
    _l1_0: for {
        { // _l2_0
            { // _l3_0
                s0 = 0x7b // i32.const 123
                s1 = 0x1c8 // i32.const 456
                if s1 != 0 { break _l1_0 } // br_if 2
            } // end of _l3_0
        } // end of _l2_0
        break _l1_0
    } // end of _l1_0
} // end of _l0_0
    return s0
}
```

再来看一个 loop 指令的例子。

```wasm
(module
  (func $test
    (local $i i32)
    (loop
      (local.set $i (i32.add (local.get $i) (i32.const 1)))
      (br_if 0 (i32.lt_s (local.get $i) (i32.const 100)))
    )
  )
)
```

和 block 指令相比，loop 指令的不同之处在于针对跳转指令应该被翻译成 continue 语句。test() 函数编译后的结果如下所示。

```go
// test ()->()
func (m *aotModule) f0() {
    var a0 uint64 // locals
    var s0, s1 uint64 // stack
    _l1_0: for {
        s0 = a0                          // local.get 0
        s1 = 0x1                         // i32.const 1
        s0 = uint64(uint32(s0) + uint32(s1)) // i32.add
        a0 = s0                          // local.set 0
        s0 = a0                          // local.get 0
```

```
            s1 = 0x64                          // i32.const 100
            s0 = b2i(int32(s0) < int32(s1))    // i32.lt_s
            if s0 != 0 { continue _l1_0 }      // br_if 0
            break _l1_0
        } // end of _l1_0
}
```

最后来看一个 `if` 指令的示例。

```
(module
  (func $max (param $a i32) (param $b i32) (result i32)
    (if (result i32)
      (i32.gt_u (local.get $a) (local.get $b))
      (then (local.get $a) )
      (else (local.get $b) )
    )
  )
)
```

`max()` 函数编译后的结果如下所示。

```
// max (i32,i32)->(i32)
func (m *aotModule) f0(a0, a1 uint64) uint64 {
    // no locals
    var s0, s1 uint64 // stack
    s0 = a0                             // local.get 0
    s1 = a1                             // local.get 1
    s0 = b2i(uint32(s0) > uint32(s1))   // i32.gt_u
    if s0 > 0 {                         // if@1
        s0 = a0                         // local.get 0
    } else {                            //
        s0 = a1                         // local.get 1
    }                                   // end if@1
    return s0
}
```

13.4.6　跳转指令

跳转指令有 4 条：`br`、`br_if`、`br_table` 和 `return`。其中 `br_if` 指令在 13.4.5 节已经出现过了，不再赘述；`br` 指令较为简单，就不单独介绍了，`return` 指令留到下一小节进行讲解。下面看一个 `br_table` 指令的例子。

```
(module
  (func $test (param $a i32)
    (block
      (block
        (block
          (br_table 0 1 2 3 (local.get $a))
        )
      )
    )
  )
)
```

注意，如果跳转目标是 loop 块，且带有参数，就需要做一些特殊处理，不过这里就不展开讨论了。test() 函数编译后的结果如下所示。

```
// test (i32)->()
func (m *aotModule) f0(a0 uint64) {
    // no locals
    var s0 uint64 // stack
_l0_0: for {
    _l1_0: for {
        _l2_0: for {
            _l3_0: for {
                s0 = a0 // local.get 0
                // br_table [0 1 2] 3
                        if s0 == 0 { break _l3_0 // 0
                } else if s0 == 1 { break _l2_0 // 1
                } else if s0 == 2 { break _l1_0 // 2
                } else  {          break _l0_0 // 3
                }
                break _l3_0 } // end of _l3_0
            break _l2_0 } // end of _l2_0
        break _l1_0 } // end of _l1_0
    break _l0_0 } // end of _l0_0
}
```

13.4.7　函数调用指令

函数调用指令有两条：call 和 call_indirect。我们在前面已经生成了适配方法，所以无论是调用内部函数还是外部函数，都可以统一处理。下面看一个 call 指令的例子。

```
(module
  (func $test (param $a i32) (result i32)
    (if (i32.eqz (local.get $a))
      (then (return (i32.const 0)))
    )
    (call $test (i32.sub (local.get $a) (i32.const 1)))
  )
)
```

test() 函数编译后的结果（注意 call 和 return 指令的处理）如下所示。

```
// test (i32)->(i32)
func (m *aotModule) f0(a0 uint64) uint64 {
    // no locals
    var s0, s1 uint64 // stack
    s0 = a0                              // local.get 0
    s0 = b2i(uint32(s0) == 0)            // i32.eqz
    if s0 > 0 {                          // if@1
        s0 = 0x0                         // i32.const 0
        return s0                        // return
    }                                    // end if@1
    s0 = a0                              // local.get 0
    s1 = 0x1                             // i32.const 1
    s0 = uint64(uint32(s0) - uint32(s1)) // i32.sub
    s0 = m.f0(s0)                        // call func#0
    return s0
}
```

间接函数调用指令先通过表查到函数引用，然后调用函数。下面请看 call_indirect 指令的例子。

```
(module
  (type $t1 (func (param i32 i32) (result i32)))
  (table funcref (elem $f1 $f2 $f3))
  (func $f1 (type $t1) (i32.add (local.get 0) (local.get 1)))
  (func $f2 (type $t1) (i32.sub (local.get 0) (local.get 1)))
  (func $f3 (type $t1) (i32.mul (local.get 0) (local.get 1)))
  (func $test (type $t1)
    (local.get 0) (local.get 1)
    (call_indirect (type $t1) (i32.const 1))
  )
)
```

test() 函数编译后的结果（t0 是临时变量）如下所示。

```
// test (i32,i32)->(i32)
func (m *aotModule) f3(a0, a1 uint64) uint64 {
    // no locals
    var s0, s1, s2 uint64 // stack
    s0 = a0 // local.get 0
    s1 = a1 // local.get 1
    s2 = 0x1 // i32.const 1
    t0, _ := m.table.GetElem(uint32(s2)).Call(s0, s1) // call_indirect type#0
    s0 = uint64(t0[0].(int32))
    return s0
}
```

13.5　本章效果

如 13.1 节所述，我们把整个 AOT 分为代码生成、插件编译、插件加载这 3 个阶段。前面介绍了代码生成阶段，生成代码之后，可以通过 go build 命令将其编译为本地代码（.so 文件），然后就可以直接加载和执行了。插件编译稍后介绍，先来看插件的加载函数（在 aot/module_loader.go 文件里）。

```
type NewFn = func(map[string]instance.Module) (instance.Module, error)

// load compiled module
func Load(filename string,
          mm map[string]instance.Module) (instance.Module, error) {
    p, err := plugin.Open(filename)
    if err != nil { return nil, err }

    f, err := p.Lookup("Instantiate")
    if err != nil { return nil, err }

    newFn, ok := f.(NewFn)
    if !ok {return nil, errors.New("Instantiate() sig error") }

    return newFn(mm)
}
```

Go 语言内置的 plugin 包提供了一个 Open() 函数，可以打开编译好的 .so 文件。插件打开之后，可以调用 Lookup() 方法查找导出的符号。我们要找的是名为 Instantiate 的模块实例化函数，找到后把它强转为期望的类型，然后调用它创建预编译的模块实例。如果这中间发现任何错误，就返回错误。

预编译模块加载函数写好之后，我们对 main() 函数做两处修改。第一，增加一个 -a 选项（表示 AOT 编译）。如果提供该选项，则解码模块将其编译为 Go 插件，打印到控制台。第二，如果不加任何选项，表示执行模块。此时我们需要判断给定文件的后缀名，如果是 .wasm 则用解释器执行模块；如果是 .so 则用 AOT 模式执行，直接加载插件并调用模块的主函数即可。这里就不介绍详细的改动了，下面给出比较关键的 execSO() 函数的代码。

```
func execSO(filename string) {
    mm := map[string]instance.Module{ "env": newEnv() }
    i, err := aot.Load(filename, mm)
    if err != nil { fmt.Println(err.Error()); os.Exit(1) }
    _, err = i.InvokeFunc("main")
    if err != nil { fmt.Println(err.Error()); os.Exit(1) }
}
```

在 13.2 节我们讨论过一个 WAT 编写的“Hello, World!”模块，现在我们把它编译成二进制格式，然后再编译成 Go 插件，最后执行插件，全部命令如下所示。

```
$ cd code/go/ch13/wasm.go/
$ wat2wasm ../../../wat/ch13_hw.wat
$ go run wasm.go/cmd/wasmgo -a ch13_hw.wasm > hw.wasm.go
$ go build -buildmode=plugin -o hw.wasm.so hw.wasm.go
$ go run wasm.go/cmd/wasmgo hw.wasm.so
Hello, World!
```

由于本章重点是介绍 AOT 和 JIT 编译器的实现思路，所以并没有给出解释执行和 AOT 执行这两种方式的性能对比数据。我用 Rust 语言编写了一个测试程序，计算小于某个整数的全部素数的个数，读者可以从随附源代码中找到，这个程序自行对比测试。

13.6　本章小结

本章首先简要介绍了解释执行、AOT 编译和 JIT 编译这 3 种程序执行方式，以及各自的优缺点。然后介绍了如何将 Wasm 模块预先编译为 Go 语言（插件），重点介绍了将内部函数编译成 Go 结构体的方法，以及将各种指令翻译成 Go 语言语句。WABT 提供了一个 wasm2c 命令，可以将 Wasm 模块编译成 C 语言代码，读者也可以参考对比。

第 14 章　提案和前景

本书前面的章节详细介绍了 Wasm 核心规范 1.1 所包含的内容。Wasm 是一个相对较新的技术，还处于快速迭代和不断改进的阶段。Wasm 的后续改进是由提案推动的，这些改进必须是向后兼容的，不能破坏已有的 Wasm 语义。

作为本书的最后一章，本章将首先介绍一些比较成熟的（在写作本书时）提案，然后对 Wasm 技术的应用前景进行一些展望。

14.1　提案

读者可以从 https://github.com/WebAssembly/proposals 查看所有提案。提案从提出到被正式采纳分为 6 个阶段（0 ~ 5）：预提案、功能描述、规范修改、代码实现、标准化和正式标准化。

预提案阶段提出大致的改进意见；功能描述阶段对提案进行讨论和详细描述；规范修改阶段对 Wasm 规范的副本进行修改；代码实现阶段对 Wasm 参考实现的副本进行修改；标准化阶段提案已经基本稳定，一些正式环境（比如浏览器和各种工具）已经实现了提案；正式标准化阶段提案被正式采纳，规范和参考实现的修改已经合并到主干。

本章将介绍一些改进 Wasm 核心规范的提案，这些提案主要是从下面这 3 个方面对
Wasm 核心进行改进的。

1. 放开限制

在前面的章节中我们曾多次提到过，Wasm 目前存在一些限制，已经有一些提案在讨
论如何放开这些限制。例如在 MVP 版，函数最多只能有一个返回值，控制块没有参数且
最多只能有一个结果。这一限制由"多返回值"提案推动放开，目前该提案已经被正式
采纳。再比如模块只能导入或者定义一块内存和一张表，这两项限制由"多块内存"和
"引用类型"提案推动放开，将在 14.1.1 节和 14.1.3 节进行介绍。

2. 增强功能

Wasm 已经具备了 MVP 定义的基本功能，但还有很多不足之处。例如，目前表只支
持函数引用，而且只能从外部修改。"引用类型"提案将改变这一状况，详见 14.1.3 节。
再比如目前的指令集不支持异常处理，导致 C++ 等语言中的异常处理语句无法很好地
编译成 Wasm 字节码。"异常处理"提案将给 Wasm 添加结构化异常处理指令，详见
14.1.5 节。再比如"多线程"提案将给内存添加原子操作，让共享内存成为可能，详见
14.1.6 节。

3. 提高性能

接近本地程序的执行速度是 Wasm 追求的目标，在这方面还有很多可以改进的地方。
例如，"块内存操作"提案将给内存增加"大块"操作指令，优化"大块"内存操作速度，
详见 14.1.2 节"尾递归"提案给 Wasm 添加新的函数调用指令，为高级语言提供尾递归
优化支持，详见 14.1.4 节；" SIMD"提案给 Wasm 增加批量数据处理指令，使得 Wasm
程序可以利用现代 CPU 普遍支持的并行数据处理能力。

这些提案中的大部分已经被 WABT 支持，但默认是关闭的，可以通过特定的选项开
启。注意提案在被正式标准化之前，仍然有可能会被修改，所以本章的内容也可能会过
时。下面结合具体的例子来介绍这些提案。

14.1.1　多块内存

"多内存"提案⊖目前处于第 3 阶段，在本书定稿时还未得到 WABT 支持。该提案通过后，Wasm 模块将可以导入或定义多块内存。相应的，数据项也可以指定针对的是哪块内存。另外，内存相关指令也都可以指定操作的是哪块内存。下面是使用多块内存的一个例子。

```
(module
  (import "env" "mem" (memory $m0 1 8))
  (memory $m1 1 8)
  (memory $m2 1 8)

  (data $m1 (offset (i32.const 1)) "Hello, ")
  (data $m2 (offset (i32.const 2)) "World! ")

  (func
    (memory.size $m1) (drop)
    (memory.grow $m2 (i32.const 2)) (drop)
    (i32.load $m1 offset=12 (i32.const 34))
    (i32.store $m2 offset=56 (i32.const 78))
  )
)
```

14.1.2　内存块操作

目前要想在内存中移动数据，只能使用普通的加载 / 存储指令，没办法进行批量操作，因此类似 C/C++ 语言标准库中的 `memcpy()` 和 `memmove()` 等函数实现起来比较低效。为了提高这些函数的效率，"内存块操作"提案⊖给 Wasm 增加整块（Bulk）操作指令，包括 `memory.copy` 和 `memory.fill` 等。目前该提案处于第 3 阶段，WABT 已经支持，可以通过 `--enable-bulk-memory` 选项开启相关指令。下面是包含内存块操作指令的一个例子。

```
(module
  (memory 1 8)
  (data $d1 (offset (i32.const 123)) "Hello, World!") ;; active
  (data $d2 "Goodbye!") ;; passive
```

⊖　参考链接：https://github.com/WebAssembly/multi-memory。

⊖　参考链接：https://github.com/WebAssembly/bulk-memory-operations。

```
  (func $init (param $dst i32) (param $src i32) (param $size i32)
    (memory.init $d2 (local.get $dst) (local.get $src) (local.get $size))
  )
  (func $copy (param $dst i32) (param $src i32) (param $size i32)
    (memory.copy (local.get $dst) (local.get $src) (local.get $size))
  )
  (func $fill (param $dst i32) (param $val i32) (param $size i32)
    (memory.fill (local.get $dst) (local.get $val) (local.get $size))
  )
  (func $drop (data.drop $d2) )
)
```

"内存块操作"提案主要带来了下面这些变化。

1. 增加 4 条内存操作指令

其中 memory.copy 指令用于复制大块内存，memory.fill 指令用于填充大块内存，memory.init 指令用于初始化大块内存，data.drop 指令丢掉某数据项中的数据。具体细节请参考提案详情，这里不再赘述。表 14-1 给出了这 4 条指令的操作码（注意使用了前缀操作码）和伪代码。

表 14-1 "内存块操作"提案增加的指令

指　令	说　明	伪代码
memory.copy	0xfc 0x0a	mem[dst: dst+size] = mem[src: src+size]
memory.fill	0xfc 0x0b	mem[dst: dst+size] = val
memory.init	0xfc 0x08	mem[dst: dst+size] = data[idx][src: src+size]
data.drop	0xfc 0x09	data[idx] = nil

2. 数据段中的数据项分为：主动（Active）和被动（Passive）

主动数据项维持原来的语义，模块实例化时，主动数据项携带的数据会自动填充内存。被动数据项则不然，程序必须通过 memory.init 指令来显式使用其数据初始化内存。

3. 增加 ID 为 12 的 DataCount 段

我们已经知道，Wasm 二进制格式的设计准则之一是可以"一遍"处理（解码、验证、编译等）。然而 memory.init 和 data.drop 指令的引入打破了这个规则，因为这两条指令的立即数需要给定数据项的索引，而数据段却出现在代码段的后面。为了解决这一问题，该提案增加了一个 ID 为 12 的 DataCount 段。这个段很简单，只有一个整数，描述数据段内数据项的数量。这个新的段必须出现在元素段（ID 是 9）和代码段（ID 是 10）的中间。

4. 增加 4 条表操作指令

这 4 条指令用于批量操作表元素。这个改动在引用类型提案中也有涉及，所以推迟到下一小节再介绍。

14.1.3　引用类型

"引用类型"提案⊖目前处于第 3 阶段，WABT 已经支持，可以通过 --enable-reference-types 选项开启。该提案主要提出了 4 项改进：①目前模块只能导入或者定义一张表，该提案将此限制放开；②目前表元素必须是函数引用，该提案将放宽这一限制，允许其他引用类型，并添加指令支持；③目前表只能在外部操作，该提案增加了新的指令，使得在模块内部对表进行操作成为可能；④添加了表的块操作指令。下面详细介绍这些改进。

1. 放开单表限制

这一改进和 14.1.1 节讨论的多内存提案类似。限制放开后，模块可以导入或定义多张表，元素项可以指定针对的是哪张表，间接函数调用指令的第 2 个立即数（详见第 9 章）也可以派上用场了。下面是导入、定义和使用多张表的例子。

```
(module
  (import "env" "t0" (table $t0 1 8 funcref))
  (table $t1 1 8 funcref)
  (table $t2 1 8 funcref)

  (elem $t1 (offset (i32.const 1)) $f1 $f1 $f1)
  (elem $t2 (offset (i32.const 2)) $f2 $f2 $f2)

  (func $f1)
  (func $f2)
  (func $f3
    (call_indirect $t1 (type 0) (i32.const 1))
  )
)
```

2. 增加引用类型

目前表元素只能是 `funcref` 类型，该提案将增加 `anyref` 和 `nullref` 两种类型。其中 `anyref` 表示任意引用，`nullref` 表示空引用（类似 Java 里的 `null` 或者 Go 里的 `nil`）。异常支持提案还将增加一种 `exnref` 类型，表示异常引用，详见 14.1.5 节。

该提案还增加了 3 条引用操作指令：`ref.func` 指令将函数引用（函数索引由指令立即数给定）压栈、`ref.null` 指令将空引用压栈、`ref.is_null` 指令判断引用（从栈顶弹出）是否为空。目前操作数栈只能存放 4 种基本类型的数值，为了支持这 3 条指令，操作数栈也将被增强，使之可以容纳引用值。下面这个例子展示了引用操作指令的用法。

```
(module
  (table funcref (elem $f))
  (func $f
    (ref.is_null (ref.null)) (drop)
    (ref.is_null (ref.func $f)) (drop)
  )
)
```

3. 增加 4 条表操作指令

其中 `table.size` 指令（语义和 `memory.size` 指令类似）将表的当前容量压栈；`table.grow` 指令（语义和 `memory.grow` 指令类似）对表进行扩容，并使用给定引用填充新增的表容量；`table.get` 指令从表中读取引用（偏移量从栈顶弹出）并压栈；`table.set` 指令从栈顶弹出引用并写入表（偏移量从栈顶弹出）。这 4 条指令都需要使用立即数指定操作的表，下面的例子展示了这 4 条指令的用法。

```
(module
  (table $t1 funcref (elem $f))

  (func $f
    (table.size $t1) (drop)
    (table.grow $t1 (ref.func $f) (i32.const 2)) (drop)
    (table.set $t1 (i32.const 4)
      (table.get $t1 (i32.const 3))
    )
  )
)
```

4. 增加 4 条表块操作指令

分别是 table.copy、table.fill、table.init 和 elem.drop。这 4 条指令和内存的块操作指令类似，这里就不详细介绍了，下面的例子展示了这 4 条指令的用法。

```
(module
  (func $f)

  (table $t1 1 8 funcref)
  (elem $e1 (offset (i32.const 1)) $f $f $f)

  (func $init (param $dst i32) (param $src i32) (param $size i32)
    (table.init $e1 (local.get $dst) (local.get $src) (local.get $size))
  )
  (func $copy (param $dst i32) (param $src i32) (param $size i32)
    (table.copy (local.get $dst) (local.get $src) (local.get $size))
  )
  (func $fill (param $dst i32) (param $size i32)
    (table.fill $t1 (local.get $dst) (ref.func $f) (local.get $size))
  )
)
```

表 14-2 列出了"引用类型"提案新增的全部指令和操作码。

表 14-2　"引用类型"提案增加的指令和操作码

指　　令	操作码	指　　令	操作码
table.grow	0xfc 0x0f	table.get	0x25
table.size	0xfc 0x10	table.set	0x26
table.fill	0xfc 0x11	ref.null	0xd0
table.copy	0xfc 0x0e	ref.is_null	0xd1
table.init	0xfc 0x0c	ref.func	0xd2
elem.drop	0xfc 0x0d	—	—

14.1.4　尾递归调用

"尾递归调用"提案[⊖]目前处于第 3 阶段，WABT 已经支持，可以通过 --enable-tail-call 选项开启。该提案新增了两条函数调用指令：return_call（操作码

⊖　参考链接：https://github.com/WebAssembly/tail-call。

0x12）和 `return_call_indirect`（操作码 0x13），帮助高级语言实现尾递归调用优化。这里就不展开介绍这个提案了，下面是提案中给出的一个递归计算阶乘的例子。

```
(module
  (func $fac (param $x i64) (result i64)
    (return_call $fac-aux (get_local $x) (i64.const 1))
  )

  (func $fac-aux (param $x i64) (param $r i64) (result i64)
    (if (i64.eqz (get_local $x))
      (then (return (get_local $r)))
      (else
        (return_call $fac-aux
          (i64.sub (get_local $x) (i64.const 1))
          (i64.mul (get_local $x) (get_local $r))
        )
      )
    )
  )
)
```

14.1.5 异常处理

异常处理提案[○]目前还处于第 2 阶段，不过 WABT 已经支持，可以通过 `--enable-exceptions` 选项开启。该提案主要带来了下面这些变化。

1. 增加 ID 为 13 的 Event 段

由段的名字就可以知道，这个段可以描述更加广义的事件，而不仅限于异常事件。Event 段必须出现在内存段和全局的中间，事件可以携带参数，由无返回值的函数类型表示。除了在 Event 段内定义事件，模块也可以导入事件，这两种事件共享同一个事件索引空间。当然，模块也可以导出事件。下面的例子展示了事件的导入、定义和导出（本小节最后会给出完整的代码）。

```
(module
  ;; ...
  (import "env" "x0" (event $x0 (param f32)))
  (event $x1 (param i32))
```

    ○ 参考链接：https://github.com/WebAssembly/exception-handling。

```
  (event $x2 (param i64 i64))
  (export "x1" (event $x1))
  ;; ...
)
```

2. 新增异常相关指令

目前 Wasm 仅支持 3 种结构化控制指令：block、loop 和 if，该提案将增加第 4 种：try-catch 指令，用于实现高级语言中的异常处理语句。该提案还将新增 throw 和 rethrow 指令，用于抛出异常。另外还将新增一条跳转指令 br_on_exn，该指令和 try-catch 指令配合使用可以起到类似 br_table 指令的效果（详见本节后面的例子）。下面是 try-catch 指令的普通和折叠形式。

```
try blocktype    |    (try (blocktype)
  instruction*   |      (expr)
catch            |    (catch
  instruction*   |       (expr)
                 |      )
end              |    )
```

3. 新增引用类型 exnref 表示异常

throw 指令抛出的是异常引用，它会在指令进入 catch 块时出现在栈顶。块里的指令必须妥善处理异常情况，比如 drop（掉）、rethrow（出去）、使用 br_on_exn 指令跳到异常处理逻辑等。下面的例子展示了 Event 段以及各种异常相关指令的用法。

```
(module
  (import "env" "print_i32" (func $print_i32 (param i32)))
  (import "env" "print_i64" (func $print_i64 (param i64)))

  (import "env" "x0" (event $x0 (param f32)))
  (event $x1 (param i32))
  (event $x2 (param i64 i64))
  (export "x1" (event $x1))

  (func $f1
    (throw $x1 (i32.const 123))
    (throw $x2 (i64.const 123) (i64.const 456))
  )
  (func $f2
```

```
    (block (result i64 i64)
      (block (result i32)
        (try
          (call $f1)
          (catch
            (br_on_exn 1 $x1) ;; --+
            (br_on_exn 2 $x2) ;; --|--+
            (rethrow)         ;;   |  |
          )                   ;;   |  |
        )                     ;;   |  |
        (i32.const 0)         ;;   |  |
      )                       ;;   |  |
      (call $print_i32) ;; <-------+  |
      (i64.const 1)     ;;            |
      (i64.const 2)     ;;            |
    )                   ;;            |
    (call $print_i64)   ;; <----------+
    (call $print_i64)   ;;
  )
)
```

表 14-3 列出了异常处理相关的指令、操作码和立即数。

表 14-3　"异常处理"提案增加的指令、操作码和立即数

指　令	操作码	立即数
try	0x06	blocktype
catch	0x07	
throw	0x08	event_index
rethrow	0x09	
br_on_exn	0x0a	label_index, event_index

14.1.6　多线程支持

"多线程"提案⊖目前还处于第 2 阶段，不过 WABT 已经支持，可以通过 --enable-threads 选项开启。该提案使得 Wasm 内存可以在多线程间共享，并且提供了各种原子操作指令，下面详细介绍。

⊖　参考链接：https://github.com/webassembly/threads。

1. 支持共享内存

在导入或者定义内存时，可以将其声明为共享型。内存默认是非共享的，只有显式声明为共享型才能被原子指令操作。下面的例子展示了如何在导入或定义内存时，将其声明为共享型。

```
(module
  ;; (import "env" "m0" (memory $m0 1 8 shared))
  (memory $m1 1 8 shared)
  ;; ...
)
```

2. 添加原子存储 / 加载指令

这一系列指令和目前的非原子存储 / 加载指令基本上是一一对应的，但只支持无符号整数类型。下面的例子展示了部分原子存储 / 加载指令的用法。

```
(func $LS (param $addr i32)
  (i32.atomic.store offset=0 (local.get $addr)
    (i32.atomic.load offset=0 (local.get $addr))
  )
  (i64.atomic.store16 offset=0 (local.get $addr)
    (i64.atomic.load16_u offset=0 (local.get $addr))
  )
)
```

3. 添加原子修改指令

这一系列指令从内存读取一个值，更新，然后写回，整个过程是原子操作，操作完毕后读取到的旧值会留在栈顶。支持的修改操作有：加、减、按位与、按位或、按位异或、直接修改。下面的例子展示了部分原子修改指令的用法（rmw 是 Read-Modify-Write 的首字母缩写）。

```
(func $RMW (param $addr i32) (param $val i32)
  (i32.atomic.rmw.add  offset=0 (local.get $addr) (local.get $val)) (drop)
  (i32.atomic.rmw.sub  offset=0 (local.get $addr) (local.get $val)) (drop)
  (i32.atomic.rmw.and  offset=0 (local.get $addr) (local.get $val)) (drop)
  (i32.atomic.rmw.or   offset=0 (local.get $addr) (local.get $val)) (drop)
  (i32.atomic.rmw.xor  offset=0 (local.get $addr) (local.get $val)) (drop)
  (i32.atomic.rmw.xchg offset=0 (local.get $addr) (local.get $val)) (drop)
)
```

4. 添加原子交换指令

这一系列指令从内存读取一个值，将它同期望值进行比较，如果相同则将其改写为替换值（否则不做替换），整个过程是原子操作，操作完毕后读取到的旧值会留在栈顶。下面的例子展示了部分原子交换指令的用法（cmpxchg 是 Compare Exchange 的首字母缩写）。

```
(func $CAX (param $addr i32) (param $expected i32) (param $replacement i32)
  (local $loaded i32)
  (i32.atomic.rmw.cmpxchg offset=0
    (local.get $addr) (local.get $expected) (local.get $replacement)
  )
  (local.set $loaded)
)
```

5. 添加等待 / 通知指令

等待指令有两条，两种整数类型各一条。等待指令等待某内存地址处的值变为期望值，直到被唤醒或者超时。指令执行结束后，等待结果会留在栈顶。可能的结果是：0、1、2，分别表示“ok”“not-equal”和“timed-out”。下面的例子展示了 i32.atomic.wait 指令的用法。

```
(func $wait (param $addr i32) (param $expected i32) (param $timeout i64)
  (local $wait_ret i32)
  (i32.atomic.wait
    (local.get $addr) (local.get $expected) (local.get $timeout)
  )
  (local.set $wait_ret)
)
```

通知指令只有一条，唤醒等待在某地址上的（不超过给定数量的）等待者。指令执行结束后，被唤醒的等待者数量会留在栈顶。下面的例子展示了通知指令的用法。

```
(func $notify (param $addr i32) (param $count i32)
  (local $woken_waiters i32)
  (atomic.notify (local.get $addr) (local.get $count))
  (local.set $woken_waiters)
)
```

6. 添加 `atomic.fence` 指令

该指令较为简单，没有操作数也不产生结果，就不给出例子了。原子操作指令数量较多，下面表 14-4 仅列出上面例子中出现的原子操作指令。

表 14-4 常用原子操作指令

指　令	操作码	指　令	操作码
atomic.notify	0xfe 0x00	i32.atomic.rmw.add	0xfe 0x1e
i32.atomic.wait	0xfe 0x01	i32.atomic.rmw.sub	0xfe 0x25
i32.atomic.load	0xfe 0x10	i32.atomic.rmw.and	0xfe 0x2c
i32.atomic.store	0xfe 0x17	i32.atomic.rmw.or	0xfe 0x33
i64.atomic.load16_u	0xfe 0x15	i32.atomic.rmw.xor	0xfe 0x3a
i64.atomic.store16	0xfe 0x1c	i32.atomic.rmw.xchg	0xfe 0x41
—	—	i32.atomic.rmw.cmpxchg	0xfe 0x48

14.1.7　其他提案

由于篇幅的限制，我们就不再详细讨论其他提案了，下面简单介绍其中一些和本书内容有些关联的提案。

❑ "SIMD" 提案[一]

目前处于第 3 阶段，将添加 128 比特 SIMD（Single Instruction Multiple Data）指令。

❑ "文本注解" 提案[二]

目前处于第 3 阶段，仅增强 WAT 语法，使之能够表达二进制格式中的自定义段。

❑ "GC" 提案[三]

目前处于第 1 阶段，将使 Wasm 支持垃圾回收。

❑ "接口类型" 提案[四]

目前处于第 1 阶段，将使 Wasm 支持接口类型。

[一]　参考链接：https://github.com/webassembly/simd。

[二]　参考链接：https://github.com/WebAssembly/annotations。

[三]　参考链接：https://github.com/WebAssembly/gc。

[四]　参考链接：https://github.com/WebAssembly/interface-types。

❑ **"64 比特内存地址"提案**⊖

目前处于第 1 阶段，将增强内存和相关指令，使之支持 64 比特地址空间。

14.2 前景

我们在前面讨论了 Wasm 原理和核心技术，这一节简单探讨一下它的应用和前景。由于 Wasm 技术还处于早期发展阶段，所以其未来可能会超出所有人的想象。下面列出几个比较常见的应用场景，希望起到抛砖引玉的作用，引发读者的思考。

1. 浏览器

Wasm 起源于 Web 和浏览器，因此也是其最先被应用的地方。很多网站已经将部分计算密集型逻辑切换为 Wasm，使性能得到大幅提升。随着 Wasm 技术的成熟，将会有越来越多、原先只能独立运行的桌面应用（例如大型游戏、AutoCAD、Photoshop 等）被搬到浏览器上。

2. Node.js

Node.js 基于 Chrome 的 V8 引擎，因此也是 Wasm 技术的直接受益者。目前 Node.js 已经支持 Wasm，但是随着 WASI（WebAssembly System Interface）等规范的完善，一定会有越来越多的本地代码被编译为 Wasm 模块，以供 Node.js 生态所用。

3. 区块链

如前言所述，区块链可能是除浏览器之外最早拥抱 Wasm 技术的领域。除了前言里提到的 EOS 和以太坊项目，还有很多区块链项目也选择了 Wasm，例如 Polkadot、NEAR 等，这里就不一一列举了。

4. 插件系统

为了兼顾运行效率和开发效率，并获得更好的扩展性，很多大型项目都会选择 C/C++ 等语言来编写核心逻辑，使用脚本语言来实现插件系统。其中最典型的就是大型游戏项目。目前这一领域的佼佼者是 Lua 语言，相信未来会有 Wasm 的一席之地。

⊖ 参考链接：https://github.com/WebAssembly/memory64。

附录 A　Wasm 指令表

控制指令

助记符	操作码	章节	助记符	操作码	章节
unreachable	0x00	8.2.7	br	0x0C	8.2.3
nop	0x01	8.2.7	br_if	0x0D	8.2.4
block	0x02	8.2.1	br_table	0x0E	8.2.5
loop	0x03	8.2.1	return	0x0F	8.2.6
if	0x04	8.2.2	call	0x10	7.2.4
else	0x05	8.2.2	call_indirect	0x11	9.2.4
end	0x0B	8.2.1	—	—	—

参数指令

助记符	操作码	章节	助记符	操作码	章节
drop	0x1A	5.3.1	select	0x1B	5.3.2

变量指令

助记符	操作码	章节	助记符	操作码	章节
local.get	0x20	7.3.1	global.get	0x23	7.4.1
local.set	0x21	7.3.2	global.set	0x24	7.4.2
local.tee	0x22	7.3.3	—	—	—

内存指令

助记符	操作码	章节	助记符	操作码	章节
i32.load	0x28	6.3.2	i32.store	0x36	6.3.3
i64.load	0x29	6.3.2	i64.store	0x37	6.3.3

（续）

助记符	操作码	章节	助记符	操作码	章节
f32.load	0x2A	6.3.2	f32.store	0x38	6.3.3
f64.load	0x2B	6.3.2	f64.store	0x39	6.3.3
i32.load8_s	0x2C	6.3.2	i32.store8	0x3A	6.3.3
i32.load8_u	0x2D	6.3.2	i32.store16	0x3B	6.3.3
i32.load16_s	0x2E	6.3.2	i64.store8	0x3C	6.3.3
i32.load16_u	0x2F	6.3.2	i64.store16	0x3D	6.3.3
i64.load8_s	0x30	6.3.2	i64.store32	0x3E	6.3.3
i64.load8_u	0x31	6.3.2	memory.size	0x3F	6.3.1
i64.load16_s	0x32	6.3.2	memory.grow	0x40	6.3.1
i64.load16_u	0x33	6.3.2	—	—	—
i64.load32_s	0x34	6.3.2	—	—	—
i64.load32_u	0x35	6.3.2			

数值指令

助记符	操作码	章节	助记符	操作码	章节
i32.const	0x41	5.4.1	f32.const	0x43	5.4.1
i64.const	0x42	5.4.1	f64.const	0x44	5.4.1
i32.eqz	0x45	5.4.2	i64.eqz	0x50	5.4.2
i32.eq	0x46	5.4.2	i64.eq	0x51	5.4.2
i32.ne	0x47	5.4.3	i64.ne	0x52	5.4.3
i32.lt_s	0x48	5.4.3	i64.lt_s	0x53	5.4.3
i32.lt_u	0x49	5.4.3	i64.lt_u	0x54	5.4.3
i32.gt_s	0x4A	5.4.3	i64.gt_s	0x55	5.4.3
i32.gt_u	0x4B	5.4.3	i64.gt_u	0x56	5.4.3
i32.le_s	0x4C	5.4.3	i64.le_s	0x57	5.4.3
i32.le_u	0x4D	5.4.3	i64.le_u	0x58	5.4.3
i32.ge_s	0x4E	5.4.3	i64.ge_s	0x59	5.4.3
i32.ge_u	0x4F	5.4.3	i64.ge_u	0x5A	5.4.3
f32.eq	0x5B	5.4.3	f64.eq	0x61	5.4.3
f32.ne	0x5C	5.4.3	f64.ne	0x62	5.4.3
f32.lt	0x5D	5.4.3	f64.lt	0x63	5.4.3
f32.gt	0x5E	5.4.3	f64.gt	0x64	5.4.3
f32.le	0x5F	5.4.3	f64.le	0x65	5.4.3
f32.ge	0x60	5.4.3	f64.ge	0x66	5.4.3

（续）

助记符	操作码	章节	助记符	操作码	章节
i32.clz	0x67	5.4.4	i64.clz	0x79	5.4.4
i32.ctz	0x68	5.4.4	i64.ctz	0x7A	5.4.4
i32.popcnt	0x69	5.4.4	i64.popcnt	0x7B	5.4.4
i32.add	0x6A	5.4.5	i64.add	0x7C	5.4.5
i32.sub	0x6B	5.4.5	i64.sub	0x7D	5.4.5
i32.mul	0x6C	5.4.5	i64.mul	0x7E	5.4.5
i32.div_s	0x6D	5.4.5	i64.div_s	0x7F	5.4.5
i32.div_u	0x6E	5.4.5	i64.div_u	0x80	5.4.5
i32.rem_s	0x6F	5.4.5	i64.rem_s	0x81	5.4.5
i32.rem_u	0x70	5.4.5	i64.rem_u	0x82	5.4.5
i32.and	0x71	5.4.5	i64.and	0x83	5.4.5
i32.or	0x72	5.4.5	i64.or	0x84	5.4.5
i32.xor	0x73	5.4.5	i64.xor	0x85	5.4.5
i32.shl	0x74	5.4.5	i64.shl	0x86	5.4.5
i32.shr_s	0x75	5.4.5	i64.shr_s	0x87	5.4.5
i32.shr_u	0x76	5.4.5	i64.shr_u	0x88	5.4.5
i32.rotl	0x77	5.4.5	i64.rotl	0x89	5.4.5
i32.rotr	0x78	5.4.5	i64.rotr	0x8A	5.4.5
f32.abs	0x8B	5.4.4	f64.abs	0x99	5.4.4
f32.neg	0x8C	5.4.4	f64.neg	0x9A	5.4.4
f32.ceil	0x8D	5.4.4	f64.ceil	0x9B	5.4.4
f32.floor	0x8E	5.4.4	f64.floor	0x9C	5.4.4
f32.trunc	0x8F	5.4.4	f64.trunc	0x9D	5.4.4
f32.nearest	0x90	5.4.4	f64.nearest	0x9E	5.4.4
f32.sqrt	0x91	5.4.4	f64.sqrt	0x9F	5.4.4
f32.add	0x92	5.4.5	f64.add	0xA0	5.4.5
f32.sub	0x93	5.4.5	f64.sub	0xA1	5.4.5
f32.mul	0x94	5.4.5	f64.mul	0xA2	5.4.5
f32.div	0x95	5.4.5	f64.div	0xA3	5.4.5
f32.min	0x96	5.4.5	f64.min	0xA4	5.4.5
f32.max	0x97	5.4.5	f64.max	0xA5	5.4.5
f32.copysign	0x98	5.4.5	f64.copysign	0xA6	5.4.5
—	—	—	i64.extend_i32_s	0xAC	5.4.6
i32.wrap_i64	0xA7	5.4.6	i64.extend_i32_u	0xAD	5.4.6
i32.trunc_f32_s	0xA8	5.4.6	i64.trunc_f32_s	0xAE	5.4.6

（续）

助记符	操作码	章节	助记符	操作码	章节
i32.trunc_f32_u	0xA9	5.4.6	i64.trunc_f32_u	0xAF	5.4.6
i32.trunc_f64_s	0xAA	5.4.6	i64.trunc_f64_s	0xB0	5.4.6
i32.trunc_f64_u	0xAB	5.4.6	i64.trunc_f64_u	0xB1	5.4.6
f32.convert_i32_s	0xB2	5.4.6	f64.convert_i32_s	0xB7	5.4.6
f32.convert_i32_u	0xB3	5.4.6	f64.convert_i32_u	0xB8	5.4.6
f32.convert_i64_s	0xB4	5.4.6	f64.convert_i64_s	0xB9	5.4.6
f32.convert_i64_u	0xB5	5.4.6	f64.convert_i64_u	0xBA	5.4.6
f32.demote_f64	0xB6	5.4.6	f64.promote_f32	0xBB	5.4.6
i32.reinterpret_f32	0xBC	5.4.6	i64.reinterpret_f64	0xBD	5.4.6
f32.reinterpret_i32	0xBE	5.4.6	f64.reinterpret_i64	0xBF	5.4.6
i32.extend8_s	0xC0	5.4.6	i64.extend8_s	0xC2	5.4.6
i32.extend16_s	0xC1	5.4.6	i64.extend16_s	0xC3	5.4.6
—	—	—	i64.extend32_s	0xC4	5.4.6
trunc_sat	0xFC	5.4.6	—	—	—

附录 B　二进制格式

```
module         : magic|version|type_sec?|import_sec?|func_sec?
                 |table_sec?|mem_sec?|global_sec?|export_sec?
                 |start_sec?|elem_sec?|code_sec?|data_sec?

sec            : id|byte_count|byte+
type_sec       : id|byte_count|vec<func_type>
import_sec     : id|byte_count|vec<import>
func_sec       : id|byte_count|vec<type_idx>
table_sec      : id|byte_count|vec<table_type>
mem_sec        : id|byte_count|vec<mem_type>
global_sec     : id|byte_count|vec<global>
export_sec     : id|byte_count|vec<export>
start_sec      : id|byte_count|func_idx
elem_sec       : id|byte_count|vec<elem>
code_sec       : id|byte_count|vec<code>
data_sec       : id|byte_count|vec<data>
custom_sec     : id|byte_count|name|byte*

import         : module_name|name|import_desc
import_desc    : tag|[type_idx, table_type, mem_type, global_type]
global         : global_type|init_expr
export         : name|export_desc
export_desc    : tag|[func_idx, table_idx, mem_idx, global_idx]
elem           : table_idx|offset_expr|vec<func_idx>
code           : byte_count|vec<locals>|expr
locals         : local_count|val_type
data           : mem_idx|offset_expr|vec<byte>

block_type     : s32
func_type      : 0x60|vec<val_type>|vec<val_type>
table_type     : 0x70|limits
mem_type       : limits
global_type    : val_type|mut
limits         : tag|min|max?
```

```
idx             : u32
name            : vec<byte>
vec<t>          : n|t1|t2|...|tn

expr            : instr*|0x0b
block_instr     : 0x02|block_type|instr*|0x0b
loop_instr      : 0x03|block_type|instr*|0x0b
if_instr        : 0x04|block_type|instr*|(0x05|instr*)?|0x0b
br_instr        : 0x0c|label_idx
br_if_instr     : 0x0d|label_idx
br_table        : 0x0e|vec<label_idx>|label_idx
call_instr      : 0x10|func_idx
call_indirect   : 0x11|type_idx|0x00
var_instr       : opcode|var_idx
load_instr      : opcode|align|offset
store_instr     : opcode|align|offset
memory.size     : 0x3f|0x00
memory.grow     : 0x40|0x00
i32.const       : 0x41|s32
i64.const       : 0x42|s64
f32.const       : 0x43|f32
f64.const       : 0x44|f64
trunc_sat       : 0xfc|byte
other_instr     : opcode
```

附录 C WAT 语法

Wasm 文本格式（WAT 语言）词法和语法规则（使用 ANTLR 语言描述）如下。

```
grammar WAT;

module      : watModule EOF ;
watModule   : '(' kw='module' NAME? moduleField* ')' ;

moduleField: typeDef
           | import_
           | func_
           | table
           | memory
           | global
           | export
           | start
           | elem
           | data
           ;

// Module Fields
typeDef     : '(' 'type' NAME? '(' 'func' funcType ')' ')'
            ;
import_     : '(' 'import' STRING STRING importDesc ')' ;
importDesc  : '(' kind='func'   NAME? typeUse ')'
            | '(' kind='table'  NAME? tableType ')'
            | '(' kind='memory' NAME? memoryType ')'
            | '(' kind='global' NAME? globalType ')'
            ;
func_       : '(' 'func' NAME? embeddedEx typeUse funcLocal* expr ')'
            | '(' 'func' NAME? embeddedEx embeddedIm typeUse ')' ;
funcLocal   : '(' 'local' valType* ')'
            | '(' 'local' NAME valType ')'
            ;
table       : '(' 'table' NAME? embeddedEx tableType ')'
            | '(' 'table' NAME? embeddedEx embeddedIm tableType ')'
```

```
               | '(' 'table' NAME? embeddedEx elemType '(' 'elem' funcVars ')' ')'
               ;
memory     : '(' 'memory' NAME? embeddedEx memoryType ')'
               | '(' 'memory' NAME? embeddedEx embeddedIm memoryType ')'
               | '(' 'memory' NAME? embeddedEx '(' 'data' STRING* ')' ')'
               ;
global     : '(' 'global' NAME? embeddedEx globalType expr ')'
               | '(' 'global' NAME? embeddedEx embeddedIm globalType ')'
               ;
export     : '(' 'export' STRING exportDesc ')' ;
exportDesc : '(' kind='func'   variable ')'
               | '(' kind='table'  variable ')'
               | '(' kind='memory' variable ')'
               | '(' kind='global' variable ')'
               ;
start      : '(' 'start' variable ')'
               ;
elem       : '(' 'elem' variable? '(' 'offset' expr ')' funcVars ')'
               | '(' 'elem' variable?              expr     funcVars ')'
               ;
data       : '(' 'data' variable? '(' 'offset' expr ')' STRING* ')'
               | '(' 'data' variable?              expr     STRING* ')'
               ;

embeddedIm : '(' 'import' STRING STRING ')' ;
embeddedEx : ('(' 'export' STRING ')')* ;
typeUse    : ('(' 'type' variable ')')? funcType ;
funcVars   : variable* ;

// Types
valType    : VAL_TYPE ;
blockType  : result? | typeUse ;
globalType : valType | '(' 'mut' valType ')' ;
memoryType : limits ;
tableType  : limits elemType ;
elemType   : 'funcref' ;
limits     : nat nat? ;

funcType   : param* result* ;
param      : '(' 'param' valType* ')'
               | '(' 'param' NAME valType ')' ;
result     : '(' 'result' valType* ')' ;

// Instructions
```

```
expr        : instr*
            ;
instr       : plainInstr
            | blockInstr
            | foldedInstr
            ;
foldedInstr: '(' plainInstr foldedInstr* ')'
            | '(' op='block' label=NAME? blockType expr ')'
            | '(' op='loop'  label=NAME? blockType expr ')'
            | '(' op='if'    label=NAME? blockType foldedInstr*
                  '(' 'then' expr ')' ('(' 'else' expr ')')? ')'
            ;
blockInstr : op='block' label=NAME? blockType expr 'end' l2=NAME?
            | op='loop'  label=NAME? blockType expr 'end' l2=NAME?
            | op='if'    label=NAME? blockType expr
                          ('else' l1=NAME? expr)? 'end' l2=NAME?
            ;
plainInstr : op='unreachable'
            | op='nop'
            | op='br' variable
            | op='br_if' variable
            | op='br_table' variable+
            | op='return'
            | op='call' variable
            | op='call_indirect' typeUse
            | op='drop'
            | op='select'
            | op=VAR_OPS variable
            | op=MEM_OPS memArg
            | op='memory.size'
            | op='memory.grow'
            | op=NUM_OPS
            | constInstr
            ;
constInstr : op=CST_OPS value
            ;

memArg      : ('offset' '=' offset=nat)? ('align' '=' align=nat)? ;

// Value & Variable
nat         : NAT ;
value       : NAT | INT | FLOAT ;
variable    : NAT | NAME ;
```

```
// Lexer

VAL_TYPE: ValType ;

NAME    : '$' NameChar+ ;
STRING  : '"' (StrChar|StrEsc)* '"' ;
FLOAT   : Sign? Num '.' Num? ([eE] Sign? Num)?
        | Sign? Num [eE] Sign? Num
        | Sign? '0x' HexNum '.' HexNum? ([pP] Sign? Num)?
        | Sign? '0x' HexNum [pP] Sign? Num
        | Sign? 'inf'
        | Sign? 'nan'
        | Sign? 'nan:0x' HexNum
        ;
NAT     : Num | '0x' HexNum;
INT     : Sign? NAT ;

// Opcodes

VAR_OPS : 'local.get'
        | 'local.set'
        | 'local.tee'
        | 'global.get'
        | 'global.set'
        ;
MEM_OPS : ValType '.load'
        | IntType '.load8' OpSign
        | IntType '.load16' OpSign
        | 'i64'   '.load32' OpSign
        | ValType '.store'
        | IntType '.store8'
        | IntType '.store16'
        | 'i64'   '.store32'
        ;
CST_OPS : ValType '.const' ;
NUM_OPS : IntType '.' IntArith
        | IntType '.' IntRel
        | FloatType '.' FloatArith
        | FloatType '.' FloatRel
        | IntType '.trunc_' FloatType OpSign
        | FloatType '.convert_' IntType OpSign
        | 'i32.wrap_i64'
        | 'i64.extend_i32_s'
        | 'i64.extend_i32_u'
```

```
            | 'f32.demote_f64'
            | 'f64.promote_f32'
            | 'i32.reinterpret_f32'
            | 'i64.reinterpret_f64'
            | 'f32.reinterpret_i32'
            | 'f64.reinterpret_i64'
            | 'i32.extend8_s'
            | 'i32.extend16_s'
            | 'i64.extend8_s'
            | 'i64.extend16_s'
            | 'i64.extend32_s'
            | 'i32.trunc_sat_f32_s'
            | 'i32.trunc_sat_f32_u'
            | 'i32.trunc_sat_f64_s'
            | 'i32.trunc_sat_f64_u'
            | 'i64.trunc_sat_f32_s'
            | 'i64.trunc_sat_f32_u'
            | 'i64.trunc_sat_f64_s'
            | 'i64.trunc_sat_f64_u'
            ;


// Fragments

fragment Sign       : '+' | '-' ;
fragment Digit      : [0-9] ;
fragment HexDigit   : [0-9a-fA-F] ;
fragment Num        : Digit ('_'? Digit)* ;
fragment HexNum     : HexDigit ('_'? HexDigit)* ;
fragment NameChar   : [a-zA-Z0-9_.+\-*/\\^~=<>!?@#$%&|:'`] ;
fragment StrChar    : ~["\\\u0000-\u001f\u007f] ;
fragment StrEsc     : '\\t' | '\\n' | '\\r' | '\\"' | '\\\\'
                    | '\\' HexDigit HexDigit // hexadecimal
                    | '\\u{' HexDigit+ '}'   // unicode
                    ;

fragment OpSign     : '_s' | '_u' ;
fragment IntType    : 'i32' | 'i64' ;
fragment FloatType  : 'f32' | 'f64' ;
fragment ValType    : IntType | FloatType ;

fragment IntArith   : 'clz' | 'ctz' | 'popcnt'
                    | 'add' | 'sub' | 'mul' | 'div_s' | 'div_u' | 'rem_s' | 'rem_u'
                    | 'and' | 'or' | 'xor' | 'shl' | 'shr_s' | 'shr_u' | 'rotl' | 'rotr'
                    ;
```

```
fragment FloatArith : 'abs' | 'neg' | 'ceil' | 'floor' | 'trunc' | 'nearest' | 'sqrt'
                    | 'add' | 'sub'  | 'mul' | 'div' | 'min' | 'max'
                    | 'copysign'
                    ;
fragment IntRel      : 'eqz' | 'eq' | 'ne'
                    | 'lt_s' | 'lt_u'
                    | 'gt_s' | 'gt_u'
                    | 'le_s' | 'le_u'
                    | 'ge_s' | 'ge_u'
                    ;
fragment FloatRel    : 'eq' | 'ne' | 'lt' | 'gt' | 'le' | 'ge' ;

// Whitespace and Comments

WS              : [ \t\r\n]+ -> skip ;
LINE_COMMENT  : ';;' ~[\n]* -> skip ;
BLOCK_COMMENT : '(;' (BLOCK_COMMENT|.)*? ';)' -> skip ;
```